图1-5

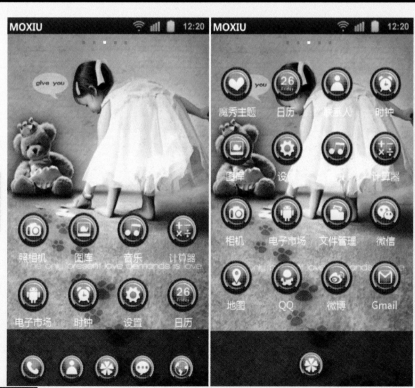

图1-10

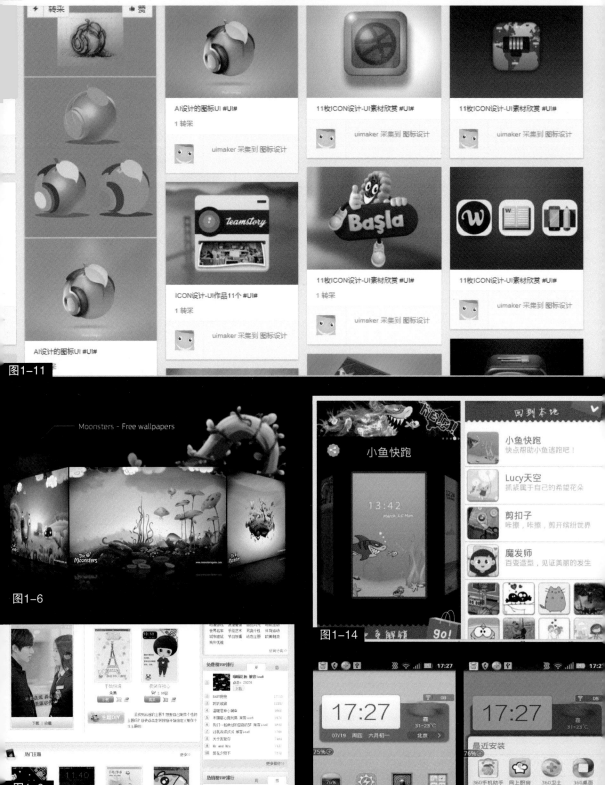

图1-11

图1-6

图1-14

图1-9

图2-8

图1-12

图2-3

图2-7

图1-13

图1-15

图2-14

图2-20

图2-13

图2-12

图2-27

图2-126

图2-31

图2-68

图3-1

图3-4

图3-4

图3-137

图3-138

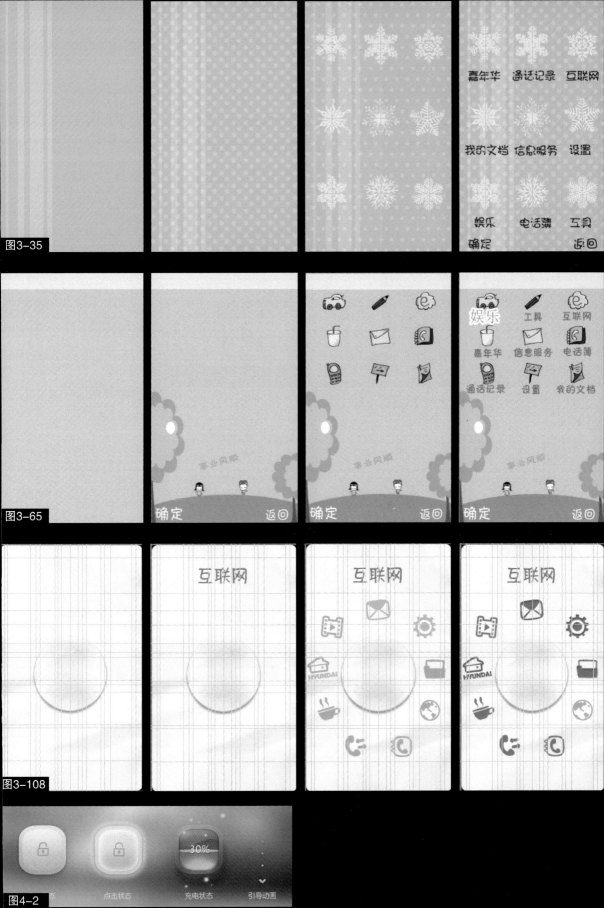

图3-35

图3-65

图3-108

图4-2

图4-5

图4-5

图4-309

图4-8

图3-34

图4-149

图4-7

图4-308

图4-3

图4-4

图4-207

图4-68

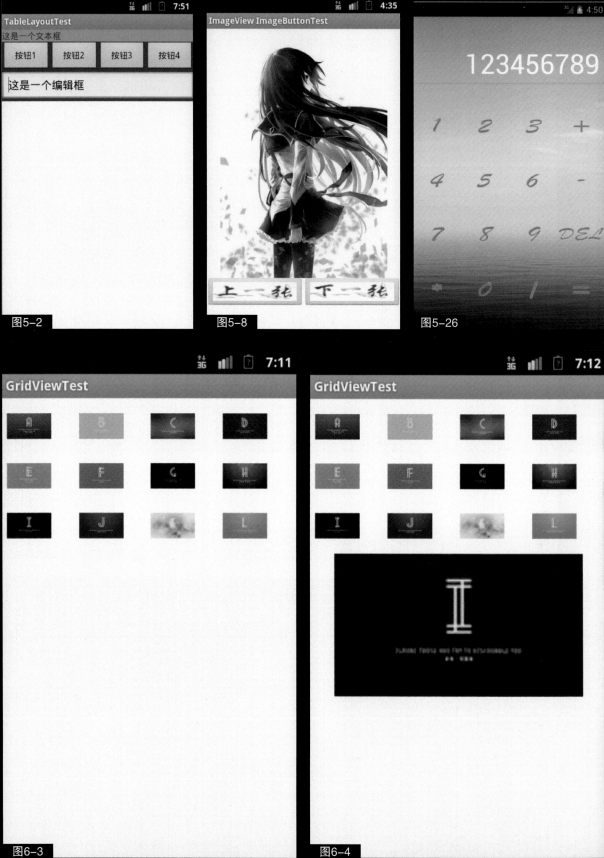

图5-2

图5-8

图5-26

GridViewTest

GridViewTest

图6-3

图6-4

21世纪高等院校移动开发人才培养规划教材

21Shiji Gaodeng Yuanxiao Yidong Kaifa Rencai Peiyang Guihua Jiaocai

# 移动平台UI交互设计与开发

陈燕 戴雯惠 主编　魏娜 许伟刚 副主编

# UI Design and Development on Mobile Platform

人民邮电出版社

北　京

**图书在版编目（CIP）数据**

移动平台UI交互设计与开发 / 陈燕 ，戴雯惠主编
. -- 北京 ：人民邮电出版社，2014.12（2024.1重印）
21世纪高等院校移动开发人才培养规划教材
ISBN 978-7-115-36064-9

Ⅰ. ①移… Ⅱ. ①陈… ②戴… Ⅲ. ①移动电话机—
应用程序—程序设计—高等学校—教材 Ⅳ. ①TN929.53

中国版本图书馆CIP数据核字(2014)第125578号

## 内 容 提 要

　　本书内容分为设计篇和开发篇，以企业全真项目和经典案例为载体，内容覆盖Photoshop在智能手机应用图标设计、手机主题界面设计、手机锁屏界面设计和Android商业级UI界面开发所需的知识结构和技能要求。通过两者的结合，本书可以系统、清楚地覆盖智能手机UI界面美学设计与开发技术的主要部分，将多个领域的知识进行融合，体现移动新媒体应用数字艺术设计与技术开发的全新复合形态。

　　本书内容介绍均以"全真项目+经典案例"为主线，每个项目都有详细的操作步骤，学生通过实际操作可以快速地领会使用Photoshop进行手机UI界面设计的思路和在Android系统中开发手机UI界面的全过程。主要章节的最后还安排了课后实训，学生可以通过课堂所学的知识来拓展实际的应用能力。

　　本书可作为各类学校相关专业的教材，也适合移动新媒体设计与开发人员学习和参考。

◆ 主　　编　陈　燕　戴雯惠
　　副主编　魏　娜　许伟刚
　　责任编辑　王　威
　　责任印制　杨林杰

◆ 人民邮电出版社出版发行　　北京市丰台区成寿寺路 11 号
　　邮编　100164　电子邮件　315@ptpress.com.cn
　　网址　http://www.ptpress.com.cn
　　北京九州迅驰传媒文化有限公司印刷

◆ 开本：787×1092　1/16　　　彩插：4
　　印张：15.75　　　　　　　2014 年 12 月第 1 版
　　字数：413 千字　　　　　　2024 年 1 月北京第 11 次印刷

定价：45.00 元（附光盘）

读者服务热线：(010)81055256　印装质量热线：(010)81055316
反盗版热线：(010)81055315
广告经营许可证：京东市监广登字 20170147 号

　　Photoshop是由Adobe公司开发的一款图形图像处理软件，它除了在平面广告设计领域有广泛的应用外，在移动应用UI界面设计领域同样有着广泛的应用。Android操作系统是一个由Google和开放手机联盟共同开发并发展的移动设备操作系统，已经成为世界上最流行的手机操作系统。目前，移动应用交互设计与开发是我国当前最具潜力的职业和行业之一，国内很多院校的计算机相关专业都将"移动应用UI界面设计与开发"相关课程设置为一门重要的专业技能核心课程。为了帮助院校教师能够比较全面、系统地将移动应用界面的美学设计与开发技术完美地融合，特编写这本教材。

　　本书是按照"全真项目+经典案例"的体系结构来编写的，在教材内容的选取上，注重行业企业发展需要及完成职业岗位实际工作任务所需的知识、能力和素质要求；选择的每个案例都自成体系，侧重于不同的知识技能点；案例之间相互联系，形成涵盖所有内容的知识技能网。这样由点—线—面逐步地对知识、技能进行组织和阐述，既符合学生的认知及学习规律，也为教师教学提供清晰的思路，为学生可持续发展奠定了良好基础。在文字叙述方面，我们注意言简意赅，重点突出。

　　本书配套光盘中包含了书中所有项目的素材、效果文件和源代码。另外，为了方便教师教学，本书配备了PPT课件、教学大纲和课程设计等丰富的教学资源，任课教师可以到人民邮电出版社教学服务与资源网（www.ptpedu.com.cn）免费下载。本书的参考学时为72学时，其中实践环节为48学时，各部分的参考学时参见下面的学时分配表。

| 章节 | 课程内容 | 学时分配 | |
|------|----------|----------|----------|
| | | 讲授 | 实训 |
| 第1章 | 初始UI | 4 | |
| 第2章 | Photoshop——手机图标设计 | 2 | 4 |
| 第3章 | Photoshop——手机主题界面设计 | 2 | 6 |
| 第4章 | Photoshop——手机锁屏界面设计 | 2 | 12 |
| 第5章 | Android——UI常用基本控件 | 6 | 10 |
| 第6章 | Android——UI常用高级控件 | 6 | 10 |
| 第7章 | Android——Tetris UI交互项目开发 | 2 | 6 |
| 课时总计 | | 24 | 48 |

　　本书由陈燕、戴雯惠任主编，魏娜、许伟刚任副主编。苏州天平先进数字有限公司、上海非优雀网络技术有限公司为我们教材的编写提供了全真企业项目，并提供了很多宝贵的修改意见，在此表示诚挚的感谢！

　　编者在编写的过程中尽量做到精益求精，但由于水平有限，书中难免存在错误和不妥之处，敬请广大读者批评指正。

编者<br>2014年6月

# 第5章 Android——UI常用基本控件 ................................................. 142

# 第6章 Android——UI常用高级控件 ................................................. 191

# 第7章 Android——Tetris UI交互综合项目开发 ................................... 223

未曾学走莫学跑。作为一个想从事移动平台APP客户端UI设计的新人来说，了解该领域的基础知识是必要的。

> ↘ 了解UI设计、交互设计的基本概念
> ↘ 了解UI设计的职责定位、学习方式
> ↘ 熟悉著名的UI设计网站、移动平台APP商业应用

# 1.1 UI设计概述

## 1.1.1 UI概念发展历史及未来趋势

UI即用户界面，UI设计是指对软件的人机交互、操作逻辑及界面美观的整体设计，包括用户体验和用户图形界面。其中，用户体验关注的是用户的行为习惯和心理感受，就是琢磨人要怎样用软件或者硬件才觉得顺心如意。用户图形界面设计则是指界面设计，只负责软件的视觉界面。好的UI设计不仅会让软件变得有个性有品位，还会让软件的操作变得舒适、简单、自由，充分体现出软件的定位和特点。

目前在国内，UI还是一个相对陌生的名词。能真正理解UI，贯彻UI理念的公司并不多。人们对UI设计的理解还停留在美术设计方面，认为UI设计工作只是画界面和图标，缺乏对用户交互的重要性的理解。

我们以物质产品手机行业为例，当手机刚刚进入市场的时候不但价格贵得惊人，而且除了通话以外没有其他功能，如图1-1所示。由于当时的主导是技术，所以大家都把精力放在信号、待机时间、寿命等方面，对于产品的造型，使用的合理性很少关心。另一方面在软件开发过程中还存在重技术而不重应用的现象。许多商家认为软件产品的核心是技术，而UI仅仅是次要的辅助。同时，软件产品与物质产品的发展是相同的。过去由于计算机硬件的限制，编码设计成为软件开发的代名词，美观亲和的图形化界面与合理易用的交互方式都没有得到充分的重视，实际上这个时期的软件叫作软件程序，而不是软件产品。

如今技术已经完全达到用户的需求，于是商家为了创造卖点，提高竞争力，非常重视产品的外观设计，除此之外还频频推出短信、彩屏、彩信、摄像头等，如图1-2所示。这样一来产品的美观、个性、易用、易学、人性化等都成了产品的卖点。

图1-1

图1-2

也许现阶段中国在界面设计领域与西方发达国家有很大差距，如何赶上并超过他们是我们这代人肩负的历史使命。在UI界面设计方面，还有很广阔的发展前景，需要我们不断创新和发展。软件产品领域不像物质产品那样存在工艺、材料上的限制，软件产品的核心问题就是人。提高软件UI设计师的个人能力，减小人员上的差距，是UI发展首要的问题。

## 1.1.2　UI设计原则及规范

UI设计的原则有简易性、安全性、灵活性、人性化以及尊重用户的熟悉程度和使用习惯。设计中贯通这些原则，可以使我们所实现的UI满足更多人的需求。下面就是对这些原则的介绍。

（1）简易性：界面的简洁是要让用户便于使用、便于了解，尽量使用户记忆负担最小化，并减少用户发生错误选择的可能性。对用户来说，浏览信息要比记忆更容易，如图1-3所示。

（2）安全性：用户能自由的做出选择，且所有选择都是可逆的。在用户做出危险的选择时有信息介入系统的提示，保证用户信息的绝对安全，如图1-4所示。

图1-3

图1-4

（3）人性化：高效率和用户满意度是人性化的体现。用户可依据自己的习惯定制界面，并能保存设置；并且设计不局限于单一的工具（包括鼠标、键盘或手柄、界面）。同时在UI设计中应使用能反应用户本身的语言，而不是设计者的语言，如图1-5所示。

（4）用户的熟悉程度以及使用习惯：想用户所想，做用户所做。让用户按照他们自己的方法理解使用界面，不应超出一般常识。界面的结构必须清晰且一致，风格必须与表达内容相符，也可以通过比较两个不同世界（真实与虚拟）的事物，完成更好的设计，如图1-6所示。

图1-5

图1-6

UI的设计中还应该遵循一定的规范，使用户与界面的交互体验更加流畅。下面就是对UI设计规范的一些介绍。

（1）注意屏幕元素布局平衡，功能区域划分合理。避免因控件与数据的过分集中而导致的视觉疲劳和判断错误。功能明确，安排合理，让用户通过最少的判断和最少的操作达到目的。

（2）保持界面的一致性。一致性既包括使用统一的界面元素、标准的控件，也包括使用相同的信息表现方法，如在字体、标签风格、颜色、术语、显示错误信息等方面确保一致。

（3）窗体大小与长宽比例合理，空间利用充分，避免过大的灰色空白区域，也不要过于局促。

（4）主要功能和单击频率高的按钮应排放在醒目的位置，如图1-7所示。屏蔽与当前操作无关的按钮，界面关闭或退出按钮应排放在不易单击的位置，避免因错误单击而引起的退出，且按钮文字简洁明了，尽量控制在4字以内。

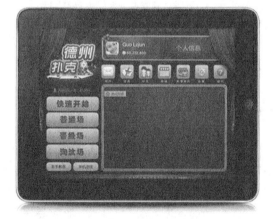

图1-7

## 1.1.3 UI设计师工作职责

UI设计师进行的是集科学性与艺术性于一身的设计，他们需要完成的是一个不断为用户设计视觉效果并使之满意的过程。UI设计师的职能大体包括三方面：一是图形设计，二是交互设计，三是用户测试/研究。

（1）图形设计，即传统意义上的"美工"。当然，实际上他们承担的不是单纯意义上美术工人的工作，而是软件产品的产品"外形"设计。

（2）交互设计，主要在于设计软件的操作流程、树状结构、操作规范等。一个软件产品在编码之前需要做的就是交互设计，并且确立交互模型，交互规范。

（3）用户测试/研究，所谓的"测试"，其目标恰在于测试交互设计的合理性及图形设计的美观性，主要以目标用户问卷的形式来衡量UI设计的合理性。如果没有这方面的测试研究，UI设计的好坏只能凭借设计师的经验或者领导的审美来评判，这样就会给企业带来极大的风险。

设计从工作内容方面来说分为三大类别，即研究人，研究界面，研究人与界面的关系。下面是对这三大工作类别的介绍。

（1）研究人：由用户测试/研究工程师（User experience engineer）完成，任何的产品为了保证质量都需要测试，软件的编码需要测试，自然UI设计也需要测试。这个测试和编码没有任何关系，主要是测试交互设计的合理性以及图形设计的美观性。测试方法一般都是采用焦点小组，用目标用户问卷的形式来衡量UI设计的合理性。

（2）研究界面：由图形设计师（Graphic UI designer）完成，他们实际上不是单纯意义上的美术工人，而是软件产品的产品外形设计师。这些设计师大多是美术院校毕业，其中大部分是有美术设计教育背景，例如工业外形设计，装潢设计，信息多媒体设计等。

（3）研究人与界面的关系：由交互设计师（Interaction designer）完成，在图形界面产生之前，长期以来UI设计师就是指交互设计师。交互设计师的工作内容就是设计软件的操作流程、树状结构、软件的结构与操作规范等。一个软件产品在编码之前需要做的就是交互设计，并且确立交互模型、交互规范。交互设计师一般有软件工程师背景的居多。

### 1.1.4 UI设计流程

在UI设计中，规范化的设计流程会让UI产品的可操作性更强，同时也会让用户有良好的操作体验，UI所参与的项目流程一般有以下几个部分。

（1）确认目标用户：在UI设计过程中，需求设计会确定软件的目标用户，获取最终用户和直接用户的需求。用户交互设计要考虑到由目标用户的不同所引起的交互设计重点的不同。

（2）采集目标用户的习惯交互方式：不同类型的目标用户有不同的交互习惯。这种习惯的交互方式往往来源于其原有的针对现实的交互流程、已有软件工具的交互流程。当然还要在此基础上通过调研分析找到用户希望达到的交互效果，并且以流程确认下来。

（3）提示和引导用户：软件是用户的工具。因此应该由用户来操作和控制软件。软件响应用户的动作和设定的规则。对于用户交互的结果和反馈，提示用户结果和反馈信息，引导用户进行需要的下一步操作。

（4）验证UI产品：设计完成后，UI设计师应对产品进行验证，与当初设计产品时的想法是否一致，是否可用，是否可以被用户接受。

# 1.2　UI设计师的自我提升

## 1.2.1　自我积累与学习方式

在设计行业蓬勃发展的时代，设计师这个职位越来越炙手可热。然而，只有真正在设计行业摸索过的人才可能感受到，设计师的自我提升是一段艰苦而漫长的历程。这个行业不仅考验一个人的画图、创意，更考验团队合作意识，乃至心理素质。真正的设计师都是在磨炼中逐步提升和成长起来的。

从事设计师这个行业，就意味着你要不断地学习和创新，要有自己独到的想法，需要积累很多方面的知识。图1-8就形象地说明了这一问题。

想要成为一个优秀的UI设计师，首先，要有一定的绘制功底，有助于UI设计时的界面设计更流畅；也可以从临摹开始，掌握绘制技法。其次，要有一定的审美基础，这基本可以从各大设计平台学习，多看推荐作品，多了解一些相关的设计网站。再者，需要沟通与交流，多角度考虑分析问题，多和同行交流，互

图1-8

相学习。最后，勇敢地执行，不多说，就是要动手，马上开始表达自己的UI设计想法。

精确来讲，要求从业人员精通Photoshop、Illustrator、Flash等图形软件，Html、Dreamweaver等网页制作工具，能够独立完成静态网页设计工作，且具备良好的审美能力、深厚的美术功底、敏锐的用户体验观察力，有较强的平面设计和网页设计能力以及创新精神。

在学历和专业要求方面，一般要求大专及以上学历，根据上文提到的UI设计的三大具体分类，图形设计、交互设计和用户测试/研究的工作职能，分别对应的是美术设计的专业知识，软件工程师背景和相应的编程能力，以及社会学、心理学等人文学科储备。当然，实际工作中，这几种职能也不是截然开的。而今，这一涵盖诸多领域的职位，也越来越要求从业人员同时具备跨学科、综合性的理论素养和实操能力。

## 1.2.2　著名设计网站

近年来，随着人们对手机等产品外观及内部软件的重视，出现了越来越多优秀的UI设计网站。这些网站各具特色，可以满足不同年龄段的审美需求。同时，也有一些UI设计教程网站，供初学者入门学习。下面是对其中的吾爱、魔秀及UiMaker的简介。

（1）吾爱主题管家，是一款专业提供免费手机主题的专用软件。吾爱主题管家有海量高清免费手机主题，诸如安卓主题、苹果主题、塞班主题、OPPO主题等相关平台的手机主题，让你享受主题带给你的乐趣，如图1-9所示。吾爱主题的主要功能有：①便捷的一键切换、自动切换和本地手机主题管理功能；②拥有海量可用主题下载，包含各平台系统的主题等；③自适应匹配各种分辨率手机屏幕尺寸。

（2）魔秀桌面美化主题是国内第一桌面主题聚合平台，丰富的Android酷炫主题任你随心而变，上百种分类、海量主题库、流畅华丽的特效，带给你不一样的视觉感受；实用贴心的小工具，使你的桌面简化而不简单，如图1-10所示。同时，魔秀设计还包含：①主题收藏和发表心情功能；②更换默认主题，全新视觉感受；③完善会员中心功能，查看动态；④修复桌面图标问题，提高软件性能等全新的功能。

（3）UiMaker即UI设计教程分享网，为UI设计师提供UI设计，软件界面设计欣赏，后台界面的UI设计专业网站；除了UI设计，还提供后台管理系统界面、后台模版、UI设计培训等内容，非常适合喜欢学习设计的初级用户，如图1-11所示。

图1-9　网址http://zy.91.com/Theme/

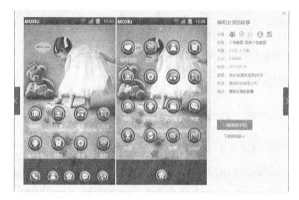

图1-10　网址http://www.leidian.com

图1-11　网址http://huaban.com/boards

# 1.3　交互设计

## 1.3.1　交互设计基本概念

交互设计是指高效处理产品、环境和系统的行为，旨在规划和描述事物的行为方式，并描述传达这种行为的最有效形式。从用户角度来说，交互设计是一种让产品使用方便，并让人愉悦的技术，它致力于了解目标用户的期望，了解用户的使用习惯，了解人本身的心理和行为特点。

交互设计借鉴了传统设计、可用性及工程学科的理论和技术。它是一个具有独特方法和实践的综合体，而不只是部分的叠加。它也是一门工程学科，具有不同于其他科学和工程学科的方法。同时，交互设计还涉及到多个学科、多领域以及许多人员的沟通。通过对产品的界面和行为进行交互设计，使产品和用户之间建立联系，从而实现用户的目标，提高用户体验。

### 1.3.2  交互设计三部曲

交互设计的三部曲是指交互特点、交互平台与硬件的关系以及交互规范。下面对交互三部曲进行介绍。

（1）交互特点包括五大方面：①多点触控的自然性操作，让客户更方便快捷地进行操作。②通过传感器增强了交互机感知外界环境信息的能力。③更加细腻的视觉化效果能够有效缓解视觉疲劳。④提供接近于虚拟现实的用户体验。⑤简单的界面，更注重用户的需求，物理按键少，最多只需两次按键就能开始使用任何一个功能，简化了用户找到各个功能的过程，从而使得所有的功能都能更好地使用。

（2）交互平台与硬件是相辅相成的，每个平台的机型都有自己的一套格局和控制方式。好的硬件设施会使交互平台运行得更加流畅，因此每个平台也都会有各自的硬件配备。而通过交互平台，也让所携带的硬件优势更加凸现。

（3）交互规范包括页面信息规范、交互信息规范，以及通用控件规范。其中，页面信息规范又包括了标题规范、新窗口链接规范和图片规范。交互信息规范包括预先信息提示，操作信息提示和结果信息提示。通用控件规范则要求在控件设计中保持控件风格的一致性，通过这些交互的规范，保证了产品的一致性，也提高了产品的品质。

### 1.3.3  界面设计通用交互原则

从用户角度来说，交互设计是一种让产品更易用，让用户更愉悦的产品设计。它致力于了解目标用户和他们的期望，了解用户在同产品交互时彼此的行为，了解用户心理和行为特点。在页面设计中，也有一些通用的交互原则，如就近原则、容错原则、帮助原则、习惯原则、响应原则以及精简原则。下面是对这些原则的介绍。

就近原则是指将同一类的功能都放在页面相同的模块中；容错原则要求必须允许用户犯错，给予用户后悔的机会；帮助原则表明了应为用户提供适量的帮助，必须使用用户语言，不迷惑用户；习惯原则要求界面设计及功能尽量贴近用户的操作习惯，避免用户思考；响应原则是指每次用户进行操作后，都需要给用户一个响应反馈，否则用户将不清楚自己的操作是否有效，从而进行重复操作，对产品甚至用户带来伤害；精简原则要求设计者需要常常向自己提问："是否做出了很多用户不需要的东西？"有时候，决定不要什么，比决定要做什么更重要。

## 1.4  UI创意赏析

### 1.4.1  手机UI主题

禅悟，是一种东方自由精神的智慧体现。`人们很多时候都分不清什么是美感，什么是快感。尤其是这个时代，潮流成了市场标杆，促成了大家的审美欲望，以为丰富了细节和色彩就跟上了时代，生活就美好了，却忘记了真正美好的，应该源自内在的满足，再呈现于外。作品《不禅》运用简洁单纯的配色、朴素无华的质感，传递给用户温暖、易用、发自内心感悟的美好体验，如图1-12所示。

图1-12

### 1.4.2 联想宫格主题

简单明了的宫格主题，使新老顾客用起来都能够得心应手。形象化的图形界面，不仅方便顾客使用，也给快节奏的生活增添了些许情趣。宫格对于手指比较大的人特别是男性来说，出错率要比全键盘低很多。当然，全键盘也有一定好处，待选字比较精准。但总的来看，宫格有些绝对的优势。还有就是一种使用习惯，像我们拨号都是宫格，方便快捷，如图1-13所示。

### 1.4.3 Android应用商店——千机解锁

千机解锁是一款融个性与唯美于一体的手机解锁软件，摆脱单调乏味的滑动解锁，真正用上属于自己的个性解锁。相比于一般的锁频，千机解锁会有完全不一样的解锁体验，真正感受到解锁带来的快乐。简单易于操作，并且解锁添加音效重力感应，立体感更强，如图1-14所示。

图1-13

图1-14

### 1.4.4 iPhone应用——拼图世界

拼图游戏把散落于图案周边的积木全部完整地填充于图案中即可，需要注意的是所有散落的积木均不可改变已有方向。每幅图案需要填充的积木块均完整无缺，不多也不少，当然其中有部分图案完成填充的方式并不是单一的，有兴趣的玩家可以多次挑战不同的完成方案，如图1-15所示。

图1-15

## 1.5 知识与技能梳理

本章介绍UI设计的相关概念，包括它的发展历史、未来趋势、UI设计的原则及规范，UI设计师自我提升的方式，交互设计的概念以及比较成功的UI创意设计。通过本章的学习，相信大家对UI设计的知识有了一定程度的了解，从下一章开始将会通过全真项目和经典案例的学习，正式开启移动交互界面设计的学习之旅！

# 第 **2** 章  **Photoshop——手机图标设计**

图标作为移动平台APP应用软件的入口，它除了能传达给用户应用程序的基础信息，还能够给用户带来第一印象感受。本章在向读者解答如何设计图标的同时，将带领大家一起动手设计精美的小图标。

**知识技能目标**

➥ 了解图标设计的意义、原则
➥ 掌握使用photoshop工具绘制精美图标的设计方法
➥ 完成消息图标设计
➥ 完成音乐图标设计
➥ 完成时钟图标设计
➥ 完成记事本图标设计

## 2.1 图标设计的基础知识

### 2.1.1 图标设计意义

作为界面设计的关键部分，图标在人机交互设计中无所不在。深入的图标设计，不仅仅是一个简单表达含义的设计过程，其也显示出了越来越多的应用价值。主要体现为：①图标设计是在屏幕上展现产品的最佳方式，对于传统企业，图标可以直观展现产品和公司的形象。②图标是视觉设计的重要组成部分，用于提示与强调产品的重点特征，以醒目的信息传达让用户知道操做重点。③图标设计可以形成产品的统一特征，给用户以信赖感，便于功能的记忆，在视觉上的统一很容易暗示用户产品的整体性和整合程度。④图标设计的表现方式灵活自由，可以传达不同的产品理念，让产品呈现出科技感、未来感较强的面貌。

### 2.1.2 图标设计原则

精美的图标设计在软件界面中起到画龙点睛的作用，提升软件的视觉效果。图标设计的核心思想是代替文字，比文字更直观，更漂亮，提高软件可用性，提升界面的视觉效果。

当然，图标也需要有统一的设计原则，才能更充分地发挥产品的优势。主要原则有可识别性原则、差异性原则、与环境协调性原则、视觉效果原则、原创性原则、风格统一性原则、尺寸大小与格式一致性原则，以及需要有合适的精细度和元素个数等原则。下面就是对这些原则的介绍。

（1）可识别性原则是指图标的图形要能准确表达相应的操做。当用户看到一个图标，就要明白其代表的含义，这是图标设计的灵魂，也称之为图标设计的第一原则。如：道路上的图标就具备可识别性强、直观、简单等特点，如图2-1所示。

禁止通行：表示禁止一切车辆和行人通行。此标志设在禁止通行的道路入口处。

禁止驶入：表示禁止车辆驶入。此标志设在禁止驶入的路段入口处。

禁止机动车通行：表示禁止某种机动车通行。此标志设在禁止机动车通行的路段入口处。

禁止货车通行：表示禁止载货机动车通行。此标志设在载货机动车通行的路段入口处。

图2-1

（2）差异性原则是图标设计中很重要的一条原则，图标和文字相比，它的优越性在于它更直观一些，如果失去了这一点，图标设计就失去了意义。图2-2所示的图标一眼望去，几乎都一样。这些图标的设计，已经失去了存在的价值，如果不看文字用户很难区分它们，这实际上是降低了工作效率。

（3）图标不能单独存在，图标最终是要放置在界面上才会起作用。因此，图标设计要考虑图标所处的环境，即所设计的图标，是否适合相应的界面，也就是我们所说的与环境协调性原则，如图2-3所示。

图2-2

（4）追求视觉效果，一定是要在保证差异性、可识别性、统一性、协调性原则的基础上，要先满足基本的功能需求，才可以考虑更高层次的要求即情感需求。图标设计的视觉效果，很大程度上取决于设计师的天赋、美感和艺术修养。

（5）原创性原则对图标设计师提出了更高的要求，目前常用的图标风格种类很多，但过度追求图标的原创性和艺术效果，则会导致图标设计另辟蹊径，这样做往往会降低图标的易用性，也就是说所谓的好看不实用。当然，这里也要看你的产品的侧重点，如果考虑更多的是情感化的设计，完美的艺术效果，这样做也无可厚非。

图2-3

（6）风格统一性原则可以让整个界面非常协调，使图标看上去也更美丽，更专业，增强用户的满意度。如果你的界面是平面的、简约的，你可以考虑用一些简单的、平面的符号或者图形来设计你的图标，这样整个界面会很协调；不要认为这样的图标是简陋的，其实这样的图标的可识别性非常强，在简洁的界面里，会透露出一种简约之美，如图2-4所示。

图2-4

（7）在图标设计中，也要保证图标尺寸大小与格式的一致性，图标的尺寸常有以下几种：16×16像素；24×24像素；32×32像素；48×48像素；64×64像素；128×128像素；256×256像素。图标的常用格式有PNG，GIF，ICO，BMP。图标过大占用界面空间过多，过小又会降低精细度，因此，具体该使用多大尺寸的图标，常常根据界面的需求而定。

（8）对于要确定合适的精细度和元素个数这一原则，首先我们要明确一点，图标的主要作用是用的，代替文字，第二才是美观。但现在的图标设计者往往陷入了一个误区，片面地追求精细、高光和质感。其实，图标的可用性随着精细度的变化，是一个类似于波峰的曲线。在初始阶段，图标可用性会随着精细度的变化而上升，但是达到一定精细度以后，图标的可用性往往会随着图标的精细度而下降。变化曲线如图2-5所示。

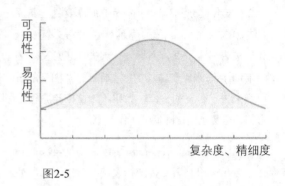

图2-5

## 2.2 图标欣赏

每款应用产品都应该重视它的图标设计，因为很多用户在下载应用的时候都会首先看到产品的图标，好看的图标都能吸引用户去单击或下载。这些图标简洁、大方，富有创意，可以直观地让用户了解其功能，也会让用户觉得很有乐趣，在用户使用时更会给用户很好的交互体验，如图2-6所示。

图2-6

愤怒的小鸟，是芬兰公司Rovio Entertainment推出的一款风靡全球的触摸类益智游戏。愤怒的小鸟为了护蛋，展开了与绿色猪之间的斗争。通过触摸控制弹弓，完成射击。在这款游戏中，各种图标设计也十分吸引玩家们的眼球，小鸟们的各种表情生动形象且丰富，各类图标与主题及背景都很协调，画面的整体风格统一，给用户良好的视觉体验，如图2-7所示。

图2-7

## 2.3 消息图标设计

### 2.3.1 项目创设

随着现代社会信息产业的发展，图标成为用户界面设计中不可或缺的元素。而图标在手机APP应用中更是扮演着重要角色，图标以其简明的特点、个性的表现手法以及越来越时尚的表现元素，直接向我们传递信息内容，成为我们与手机交互的重要媒介。本案例将以"消息图标"为例，完成效果如图2-8所示。

## 2.3.2 **设计思路**

使用钢笔工具，画出"消息"的标志性形状，通过一定次序堆叠形成消息图标。以蓝、橙、黄三种鲜艳的颜色作为图标的颜色，使得图标更加醒目，吸引人眼球。

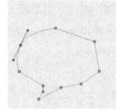

图2-8

## 2.3.3 **设计步骤**

### 1. 定义背景

#### ▼ 步骤1

首先打开Adobe Photoshop 软件，按快捷键Ctrl+N，新建文件，在弹出的对话框中设置参数。其中"名称"为message，"宽度"为126像素，"高度"为128像素，分辨率为72像素，颜色模式为"RGB颜色"模式，背景内容为"透明"，单击"确定"按钮，如图2-9所示。

#### ▼ 步骤2

单击"窗口"菜单中的"工具"选项，弹出工具栏，在工具栏中选中"前景色设置"，弹出拾色器，设置前景色的RGB值分别为0,174,255，如图2-10所示。按Alt+Delete组合键，将图层1设置为前景色。

图2-9

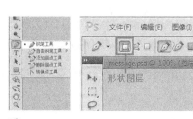

图2-10

### 2. 画出"消息"轮廓

#### ▼ 步骤3

在工具栏中选择并按住钢笔工具直至出现选择栏，选择"钢笔工具" ，在左上角工具栏属性设置中选择"形状图层"，如图2-11所示。

图2-11

**▼ 步骤4**

用钢笔工具画出"消息"的轮廓。用钢笔工具在图层1中适当位置单击鼠标左键，新建"形状1图层"，不断变换鼠标位置，创建出连续的点，并使终点与起点重合，使"消息图标"的基本轮廓成型，如图2-12所示。

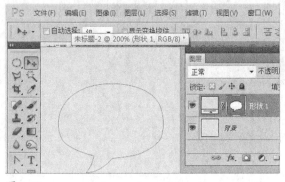

图2-12

**▼ 步骤6**

在工具栏中选择并按住"直接选择工具"直至出现选择栏，选中直接选择工具。通过直接选择工具拖动锚点使消息图标更加圆滑，达到美化"消息"图标轮廓的效果，然后在"形状1"图层上单击一下，隐藏锚点，如图2-14所示。

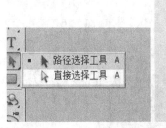

图2-14

### 3. 设置消息图标的效果

**▼ 步骤8**

鼠标双击"形状1"图层的"图层缩览图"，弹出拾色器，设置RGB值为74,199,255，单击"确定"按钮，如图2-16所示。

**▼ 步骤5**

在工具栏中选择并按住钢笔工具直至出现选择栏，选择"转换点工具" ⌐。将鼠标放到"形状1"的任意角点上，待出现"转换点"图标时，单击鼠标左键拉动，出现两个锚点。拖动锚点，拉出适当弧度。按照相同方法，将其他角点转化为锚点，如图2-13所示。

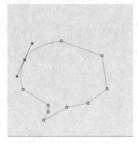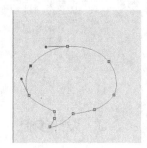

图2-13

**▼ 步骤7**

选中"形状1"图层的"矢量蒙版缩览图"，选择工具栏中的"移动工具"，按Ctrl+T组合键将"形状1"缩放至适宜大小，按住鼠标左键，拖动"形状1"至适当位置，如图2-15所示。

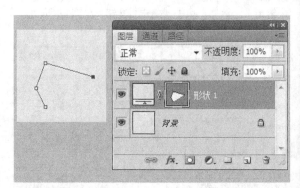

图2-15

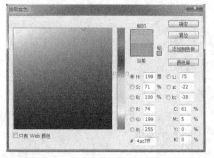

图2-16

▼ **步骤9**

鼠标左键单击图层下方的 $fx$（添加图层样式），选中"投影"选项，单击鼠标左键，进入"投影"效果设置面板，将"混合模式"设置为"正片叠底"，"不透明度"设置为30%，"距离"设置为1像素，"扩展"为0%，"大小"设置为5像素，单击"确定"按钮，如图2-17所示。

图2-17

▼ **步骤10**

在"图层样式"对话框中选择"内发光"选项。将"混合模式"设置为"滤色"，"不透明度"设置为75%，大小设置为5像素，"方法"为"柔和"，单击"内发光颜色"按钮，进入"内发光颜色"拾色器，更改RGB值为14,101,203，其他值取默认值，单击"确定"按钮，如图2-18所示。

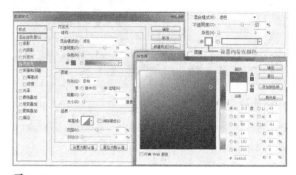

图2-18

▼ **步骤11**

在"图层样式"对话框选择"描边"选项，进入"描边"效果设置面板。"大小"设置为1像素，"位置"设置为"内部"，"混合模式"设置为"正常"，"不透明度"设置为100%，"填充类型"为"颜色"，单击"颜色"按钮，进入"颜色"拾色器，更改RGB值为17,105,179，单击"确定"按钮，如图2-19所示。

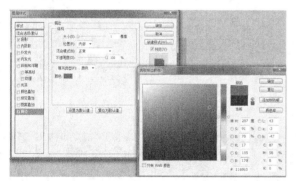

图2-19

▼ **步骤12**

单击"确定"按钮，"形状1"图层效果如图2-20所示。

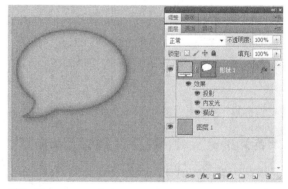

图2-20

▼ **步骤13**

单击图层面板下方的"新建图层"按钮，新建"图层2"，效果如图2-21所示。

图2-21

▼ **步骤14**

单击工具栏中的"前景色设置",设置前景色为白色,在工具栏中选择并按住"画笔工具"按钮,直至出现选择栏"画笔工具"。设置其"大小"为15px,"硬度"为0%,"不透明度"为50%。(视具体情况而定,数值可自行调节),如图2-22所示。

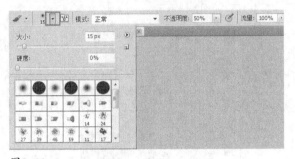

图2-22

▼ **步骤16**

新建图层3。参考步骤15的方法在图层3中画出如图2-24所示形状,用移动工具将其移至合适位置。

▼ **步骤15**

用画笔工具,在图层2中画出如图2-23所示形状,将其移动至适当位置作为"消息"的高光。

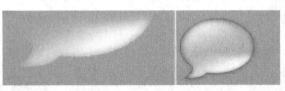

图2-23

图2-24

## 4. 绘制第二、第三个"消息"

▼ **步骤17**

按住Ctrl键同时选中"形状1"、"图层2"、"图层3"图层,拖至图层面板右下角的"新建图层"按钮,可复制出以上各个图层的图层副本,如图2-25所示。

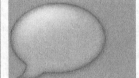

图2-25

▼ **步骤18**

紧接步骤17,按Ctrl+T组合键,出现选择方框。单击鼠标右键,选择"水平翻转",效果如图2-26所示。

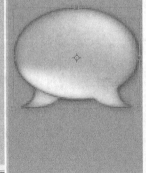

图2-26

## ▼ 步骤19

将鼠标放置于方框的右上角，单击鼠标左键，按住Shift键拖动，将"图标"调至合适大小，松开鼠标，然后将"图标"调至合适位置，按Enter键确定，如图2-27所示。

图2-27

## ▼ 步骤20

选中"形状1副本"图层，双击"图层缩览图"，弹出拾色器，设置RGB值为247,166,74，单击"确定"按钮，如图2-28所示。

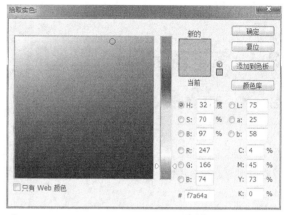

图2-28

## ▼ 步骤21

选中"形状1副本"图层，双击后面的"fx"（指示图层效果），选中"内发光"选项，设置"内发光颜色"的RGB值为255,139,0，单击"确定"按钮，效果如图2-29所示。

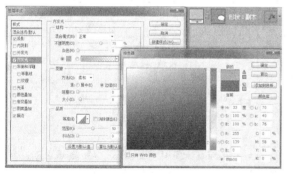

图2-29

## ▼ 步骤22

选中"形状1副本"图层，双击后面的"fx"（指示图层效果），选中"描边"选项，设置"颜色"的RGB值为244,128,0，单击"确定"按钮，效果如图2-30所示。

图2-30

## ▼ 步骤23

使用同样方法，绘制出第三个"消息"（"形状1副本2"、"图层2副本2"、"图层3副本2"），其颜色的RGB值为255,217,99，内发光颜色的RGB值为255,210,0，描边颜色的RGB值分别为255,203,0，效果如图2-31所示。

图2-31

### ▼ 步骤24

按住"Ctrl"键同时选中"形状1副本2"、"图层2副本2"、"图层3副本2"三个图层，单击鼠标左键，将其拖至图层1上方，如图2-32所示。至此，消息图标的绘制全部完成，效果如图2-33所示。

图2-32　　　　　　　图2-33

# 2.4　音乐图标设计

## 2.4.1　项目创设

现代社会中，人们生活节奏日益加快，越来越多的人忘记如何去休息，原本丰富多彩的生活被千篇一律的忙碌所覆盖。然而音乐是古往今来人类愉悦身心的最原始也是最简单的方式，音乐以其优美的旋律用音符向人们传递快乐、分享心情。本案例将以音乐图标为例，完成效果如图2-34所示。

## 2.4.2　设计思路

首先使用选框工具，绘制出光盘轮廓形状；接着采用图层样式设计出光盘的光圈效果；然后使用钢笔工具勾勒出"音符"外形；最后，采用渐变工具设计出"音符"的特效效果。

图2-34

## 2.4.3　设计步骤

### 1. 定义背景

### ▼ 步骤1

首先打开Adobe Photoshop 软件，按快捷键Ctrl+N，新建文件，在弹出的对话框中设置参数。设置"名称"为"music"，"宽度"为128像素，"高度"为128像素。分辨率为72像素，颜色模式为"RGB颜色"模式，背景内容为"透明"，单击"确定"按钮，如图2-35所示。

图2-35

### ▼ 步骤2

打开"图层"面板，选中图层1，拖至图层面板右下角的"新建图层"按钮，可复制出图层1副本，如图2-36所示。

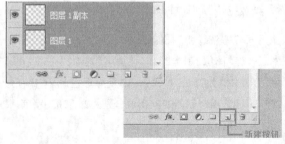

图2-36

**2. 绘制"光盘"轮廓**

▼ 步骤3

选中图层1副本，双击工具栏中的"前景色设置"，弹出拾色器，设置前景色的RGB值为255,255,255，按Alt+Delete组合键，将图层1副本设置为前景色，如图2-37所示。

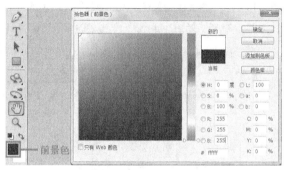

图2-37

▼ 步骤4

新建图层2，在工具栏中单击"前景色"设置，弹出拾色器，RGB值分别设置为0,0,0。在工具栏中选择并按住"矩形工具"直至出现选择栏，选择"椭圆工具"。在左上角工具栏中选择"填充像素"，如图2-38所示。

图2-38

▼ 步骤5

选中图层2，按住Shift键，同时单击鼠标左键拖动鼠标，画出适当大小的正圆，如图2-39所示。

图2-39

▼ 步骤6

复制图层2，得到图层2副本。选中图层2副本，按Ctrl+T组合键，出现选择方框，同时按住Alt键和Shift键，将图层2副本向中心缩小至适当大小，按Enter键选定，如图2-40所示。

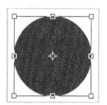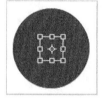

图2-40

▼ 步骤7

选中图层2，按住Ctrl键的同时，鼠标单击图层2副本的图层缩览图，调出"蚂蚁线"，按Delete键，删除圈选内容，如图2-41所示。

图2-41

▼ 步骤8

按"Ctrl+D"组合键取消"蚂蚁线"，删除图层2副本，如图2-42所示。

图2-42

## 3. 设置光盘光圈效果

### ▼ 步骤9

鼠标左键单击图层下方的 **fx.** （添加图层样式），选择"颜色叠加"选项，单击鼠标左键，进入"颜色叠加"效果设置面板，将"混合模式"设置为"正常"，"不透明度"设置为53%，"叠加颜色"设置为255,233,185，如图2-43所示，单击"确定"按钮。

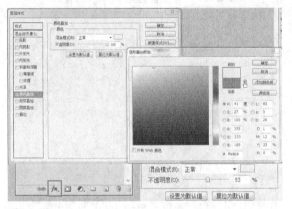

图2-43

### ▼ 步骤10

鼠标左键单击图层下方的 **fx.** （添加图层样式），选择"描边"选项，单击鼠标左键，进入"描边"效果设置面板，将"大小"设置为1像素，位置设置为"内部"，"混合模式"设置为"正常"，"不透明度"设置为100%，"填充类型"设置为"颜色"，颜色的RGB值为255,173,52，如图2-44所示，单击"确定"按钮。

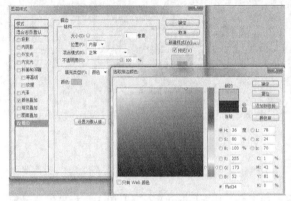

图2-44

### ▼ 步骤11

将图层2的"填充"设置为0，如图2-45所示。

图2-45

### ▼ 步骤12

设置前景色的RGB值为255,227,122，在工具栏中选择并按住"画笔工具"按钮，直至出现选择栏"画笔工具"，选择画笔工具。设置其"大小"为16px，"不透明度"为90%。（视具体情况而定，数值可自行调节），如图2-46所示。

图2-46

▼ **步骤13**

新建图层3。在"光盘"上方恰当位置画出光盘的"高光"，形状如图2-47所示。

图2-47

▼ **步骤14**

复制图层3，得到图层3副本，选中图层3副本图层，按Ctrl+T组合键，调出选择框，按鼠标右键选择"垂直翻转"，按Enter键确定，如图2-48所示。

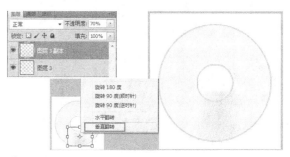

图2-48

▼ **步骤15**

将鼠标切换为"移动工具"，将图层3副本向上移动至适当位置，如图2-49所示。

图2-49

▼ **步骤16**

复制图层3，得到图层3副本2，选中图层3副本2，按Ctrl+T组合键，调出选择框，按鼠标右键选择"旋转90度（顺时针）"，按Enter键确定，如图2-50所示。

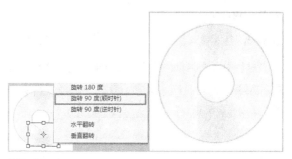

图2-50

▼ **步骤17**

将鼠标切换为"移动工具"，将图层3副本2移动至适当位置，如图2-51所示。

图2-51

▼ **步骤18**

鼠标左键单击图层下方的 $fx$ （添加图层样式），选择"颜色叠加"选项，单击鼠标左键，进入"颜色叠加"效果设置面板，将"混合模式"设置为"正常"，"不透明度"设置为100%，"叠加颜色"设置为白色255,255,255，单击"确定"按钮，效果如图2-52所示。

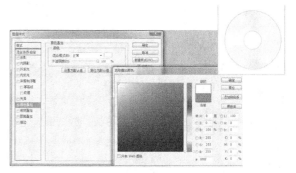

图2-52

▼ 步骤19

复制图层3副本2得到图层3副本3，通过旋转操作，做出右侧高光，如图2-53所示。

图2-53

▼ 步骤20

同时选中图层2、图层3、图层3副本、图层3副本2、图层3副本3，并进行复制，得到图层2副本、图层3副本3、图层3副本1、图层3副本2、图层3副本3，紧接着按Ctrl+E组合键将新增副本进行一体化组合，将组合图层命名为"图层4"，复制图层4得到图层4副本，如图2-54所示。

图2-54

## 4. 绘制音符及其效果

▼ 步骤21

在工具栏中选择并按住钢笔工具直至出现选择栏，选择"钢笔工具"，在左上角工具栏中选择"形状图层"，如图2-55所示。

图2-55

▼ 步骤22

用钢笔工具画出"音符"的轮廓。将前景色设置为灰色51,51,51，用钢笔工具在图层4副本中适当位置单击鼠标左键，新建"形状1图层"，不断变换鼠标位置，创建出连续的点，并使终点与起点重合，使"音符"的基本轮廓成型，如图2-56所示。

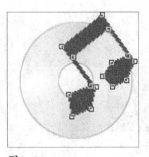

图2-56

▼ 步骤23

在工具栏中选择并按住钢笔工具直至出现选择栏，选择"转换点工具" 。将鼠标放到"形状1"的任意角点上，待出现"转换点"图标时，单击鼠标左键拉动，出现两个锚点。拖动锚点，可拉出弧度。按照相同方法，将其他角点转化为锚点，如图2-57所示。

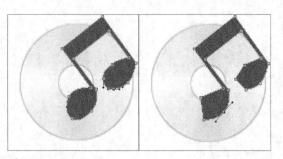

图2-57

## ▼ 步骤24

在工具栏中选择并按住"直接选择工具"直至出现选择栏，选中直接选择工具。通过直接选择工具拖动锚点使音符图标更加圆滑，达到美化"音符"图标轮廓的效果，然后在"形状1"图层上单击一下，隐藏锚点，如图2-58所示。

图2-58

## ▼ 步骤26

选用直接选择工具调节锚点，将图形调节至合适形状，效果如图2-60所示。

图2-60

## ▼ 步骤28

新建图层5，选用画笔工具画出如图2-62所示光晕效果。

图2-62

## ▼ 步骤25

复制形状1得到形状1副本。选择"删除锚点工具"，选择形状1副本，删除部分锚点，留下部分锚点，效果如图2-59所示。

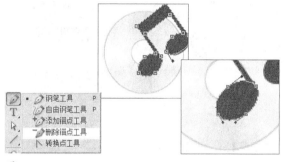

图2-59

## ▼ 步骤27

将形状1副本图层的填充改为"0"。按相同方法绘制出形状1副本2，效果如图2-61所示。

图2-61

## ▼ 步骤29

新建图层6，选择渐变工具。设置左侧游标颜色为白色0,0,0，不透明度为100%，右侧游标颜色为白色0,0,0，不透明度为30%，单击"确定"按钮，如图2-63所示。

图2-63

▼ 步骤30

选中图层6，按住Ctrl键的同时鼠标单击形状1副本的矢量蒙版缩览图，图层6中出现蚂蚁线。拉动渐变工具，获得如图2-64所示光晕效果。

▼ 步骤31

新建图层7，按照与步骤29、30相同的方法，绘制音符上侧高光，效果如图2-65所示。

图2-64

图2-65

▼ 步骤32

新建图层8，选择工具栏中的"多边形套索工具"，在音符左上侧绘制出三角形选区，给选区填充渐变色，加深音符上侧高光，如图2-66所示。至此，音乐图标的绘制全部完成，效果如图2-67所示。

图2-66          图2-67

# 2.5  时钟图标设计

## 2.5.1  项目创设

随着人们生活质量的提高，人们在日常生活中越来越重视办事效率，争取用最少的时间完成既定的工作，而与此同时，很多人都不懂得怎样合理安排时间，这就需要时钟来帮助我们规划时间。本案例就将以时钟为例，完成效果如图2-68所示。

## 2.5.2  设计思路

使用选框绘制工具绘制基本的图形，然后使用渐变、颜色填充等工具为时钟设置特效，最后通过复制、旋转、渐变形成时钟倒影，使时钟更真实、逼真。

图2-68

## 2.5.3 设计步骤

### 1. 绘制基本图形

#### ▼ 步骤1

首先打开Adobe Photoshop 软件，按快捷键Ctrl+N，新建文件，在弹出的对话框中设置参数。其中"名称"为"时钟图标"，"宽度"为12厘米，"高度"为12厘米。分辨率为200像素/英寸，颜色模式为"RGB颜色"模式，背景内容为"白色"，单击"确定"按钮，如图2-69所示。

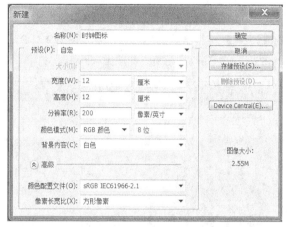

图2-69

#### ▼ 步骤2

打开"图层"面板，单击"新建图层"按钮，创建一个新图层，并将其命名为"边框1"，如图2-70所示。

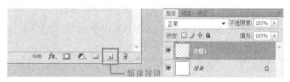

图2-70

#### ▼ 步骤3

选择工具栏中"椭圆选框工具"，按住Alt+Shift组合键，在画布中央绘制一个正圆形，如图2-71所示。

图2-71

#### ▼ 步骤4

选择工具栏中的"渐变工具"，单击"渐变编辑器"，如图2-72所示。

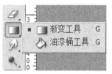

图2-72

#### ▼ 步骤5

打开"渐变编辑器"后，选择"预设栏"中黑、白渐变。双击"色标1"滑块，进入"选择色标颜色"面板，设置R:138 G:138 B:138，单击"确定"按钮，如图2-73所示。

图2-73

## ▼ 步骤6

依照步骤5，对色标2的颜色进行设置R:222 G:222 B:222，单击"确定"按钮，如图2-74所示。

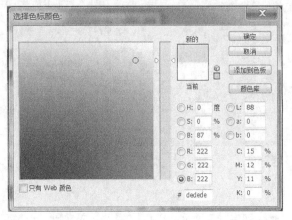

图2-74

## ▼ 步骤7

从圆形选区的右下方开始，向圆形选区左上方沿一条直线方向拖曳，如图2-75所示。

图2-75

## ▼ 步骤8

按Ctrl+D组合键，去除蚂蚁线。单击"视图"菜单中的"对齐到"选项的"图层"。按Ctrl+R组合键打开标尺。单击"视图"菜单中的"新建参考线"，弹出"新建参考线"面板，创建水平和垂直相交的两条参考线，参考线相交于圆心，如图2-76所示。

图2-76

## ▼ 步骤9

单击"新建图层"按钮 ，创建一个新图层，并将其命名为"边框2"，选择工具栏中"椭圆选框工具" ，按住Alt+Shift组合键，参考线相交处，绘制一个正圆形选区，如图2-77所示。

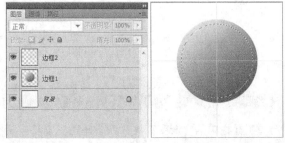

图2-77

## ▼ 步骤10

按Ctrl+H组合键，取消参考线。在工具栏中选中"前景色设置"，弹出拾色器，设置前景色的R:200 G:210 B:160，按Alt+Delete组合键，对圆形选区填充前景色，如图2-78所示。

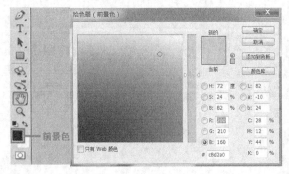

图2-78

## ▼ 步骤11

单击"新建图层"按钮 ，创建一个新图层，并将其命名为"边框效果"，单击"编辑"菜单中"描边"选项，设置描边宽度为6px，描边颜色为白色，如图2-79所示。

图2-79

## ▼ 步骤12

按Ctrl+H组合键，去除参考线。按Ctrl+D组合键，去除蚂蚁线。双击"边框2"图层，弹出"图层样式"面板，选中"斜面和浮雕"选项，设置"样式"为"枕状浮雕"，"深度"为100%，大小为16像素，角度为-5度，高度为25度，其余参数不变，单击"确定"按钮，如图2-80所示。

图2-80

## ▼ 步骤13

单击"新建图层"按钮 ，创建一个新图层，并将其命名为"光影效果"，选择工具栏中"椭圆选框工具" ，绘制一个椭圆选区，依照步骤10，对选区填充灰白色R:252 G:252 B:252，按Ctrl+D组合键去除蚂蚁线，如图2-81所示。

图2-81

## ▼ 步骤14

单击图层面板中的"添加图层蒙版"按钮 ，为图层"光影效果"添加蒙版，选择工具栏中的"渐变工具" ，单击"渐变编辑器"，弹出"渐变编辑器"面板，选择"预设栏"中黑、白渐变。单击"确定"按钮。从圆形的最底端向最顶端拖曳渐变，如图2-82所示。

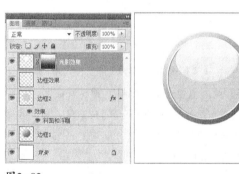

图2-82

## 2. 绘制指针和刻度

## ▼ 步骤15

单击"新建图层"按钮 ，创建一个新图层，并将其命名为"刻度"，按Ctrl+H组合键显示参考线，选择工具栏中"椭圆选框工具" ，按住Alt+Shift组合键，绘制一个正圆形选区。依照步骤10，对选区填充灰白色R:0 G:0 B:0，按Ctrl+D组合键去除蚂蚁线，如图2-83所示。

图2-83

▼ 步骤16

按Ctrl+Alt+T组合键, 将圆心移至参考线交点, 工具选项栏中 "角度" 选项设为30度, 如图2-84所示。

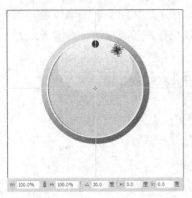

图2-84

▼ 步骤18

在工具栏中选中 "文字工具" T, 选择 "横排文字工具" T 横排文字工具 T, 在工具属性中, 设置字体为 "宋体", 大小为18点, 分别在对应位置输入3、6、9、12, 如图2-86所示。

▼ 步骤17

按住Enter键, 取消变换状态。按住Ctrl+Shift+Alt组合键, 同时按T键对图像进行复制, 复制10次, 如图2-85所示。

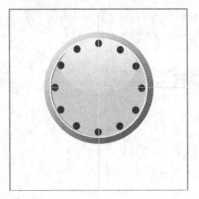

图2-85

图2-86

▼ 步骤19

选择工具栏中 "矩形选框工具" 回, 单击 "新建图层" 按钮 回, 创建一个新图层, 并将其命名为 "时针", 在画布适当位置创建一个矩形选区, 依照步骤10, 对选区填充黑色R:0 G:0 B:0, 按Ctrl+D组合键, 取消蚂蚁线, 如图2-87所示。

图2-87

▼ 步骤20

单击 "编辑" 菜单中 "变换" 选项的 "透视", 对图像效果进行透视变换, 如图2-88所示。

图2-88

▼ **步骤21**

依照步骤19、20，使用同样的方法，绘制出分针图案，如图2-89所示。

图2-89

▼ **步骤22**

依照步骤19、20，使用同样的方法，绘制出秒针图案，如图2-90所示。

图2-90

▼ **步骤23**

单击"新建图层"按钮 ，创建一个新图层，并将其命名为"中央效果"，选择工具栏中"椭圆选框工具" ，按住Alt+Shift组合键，在画布中央绘制一个正圆形。依照步骤10，对选区填充白色R:255 G:255 B:255，按Ctrl+D组合键，取消蚂蚁线，如图2-91所示。

图2-91

▼ **步骤24**

选中"背景图层"为当前图层，依照步骤10，对背景图层填充黑色R:0 G:0 B:0，如图2-92所示。

图2-92

### 3. 绘制时钟倒影

▼ **步骤25**

将除背景层外的所有图层进行合并，并将合并后的图层命名为"时钟"，复制"时钟"图层，并将其命名为"倒影"，如图2-93所示。

图2-93

▼ **步骤26**

单击"编辑"菜单中"变换"选项的"旋转180度"，并向下移到和时钟图层刚好接触的位置，如图2-94所示。

图2-94

▼ **步骤28**

按Ctrl+H组合键，去除参考线。至此，时钟图标的绘制全部完成，效果如图2-96所示。

▼ **步骤27**

单击图层面板中的"添加图层蒙版"按钮，为图层"倒影"添加蒙版，选择工具栏中的"渐变工具"，单击"渐变编辑器"，弹出"渐变编辑器"面板，选择"预设栏"中黑、白渐变。单击"确定"按钮。从画布的最底端拖曳渐变，如图2-95所示。

图2-95

图2-96

# 2.6 记事本图标设计

## 2.6.1 项目创设

我们的生活是由各种各样的信息组成，在远古时代，重要信息都通过书写来记录，随着社会进步，电子记录渐渐代替了书写记录，相比于书写记录，电子记录具有简易、快捷、不易丢失等特点，而记事本就是其中的一种，它可以将文本信息记录下来便于查看，在很多领域都有重要应用。本案例就将以记事本为例，完成效果如图2-97所示。

图2-97

## 2.6.2 设计思路

使用图形工具，绘制路径图形，然后通过编辑描边，填充色彩效果，再绘制线条，使形成的记事本更加生动，逼真。

## 2.6.3 设计步骤

**1. 绘制基本图形**

**▼ 步骤1**

首先打开Adobe Photoshop 软件，按快捷键Ctrl+N，新建文件，在弹出的对话框中设置参数。其中"名称"为"记事本图标"，"宽度"为12厘米，"高度"为12厘米。"分辨率"为200像素/英寸，颜色模式为"RGB颜色"模式，背景内容为"白色"，单击"确定"按钮，如图2-98所示。

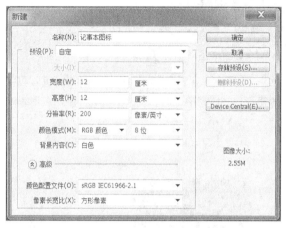

图2-98

**▼ 步骤2**

打开"图层"面板，单击"新建图层"按钮 ，创建一个新图层，并将其命名为"记事本"，如图2-99所示。

图2-99

**▼ 步骤3**

在工具栏中选择并按住图形工具 直至出现选择栏，选择"圆角矩形工具" ，在左上角工具栏属性设置中选择"路径层" ，并将半径设为60px，绘制大小合适的圆角矩形路径，如图2-100所示。

图2-100

**▼ 步骤4**

单击"视图"菜单中的"新建参考线"，弹出"新建参考线"面板，新建一条水平参考线，并移至合适位置，如图2-101所示。

图2-101

▼ 步骤5

单击鼠标右键，弹出选项面板，选择"建立选区"，弹出"建立选区"面板，单击"确定"按钮，如图2-102所示。

图2-102

## 2. 填充色彩效果

▼ 步骤6

在工具栏中选中"前景色设置"，弹出拾色器，设置前景色的R:125 G:95 B:53，按Alt+Delete组合键，对圆角矩形选区填充前景色。按Ctrl+D组合键，取消蚂蚁线，如图2-103所示。

图2-103

▼ 步骤7

选择工具栏中"矩形选框工具" ，在参考线下方绘制一个矩形选区，按Delete键，删除圆角矩形下半部分，如图2-104所示。

图2-104

▼ 步骤8

按Ctrl+D组合键，取消蚂蚁线。在图层面板中，复制"记事本"，并将其命名为"记事本底"，如图2-105所示。

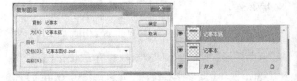

图2-105

▼ 步骤9

单击"新建图层"按钮 ，创建一个新图层，并将其命名为"记事本中"，选择工具栏中"矩形选框工具" ，在参考线下方绘制一个矩形选区，在工具栏中选中"前景色设置"，弹出拾色器，设置前景色的R:255 G:233 B:0，按Alt+Delete组合键，对圆角矩形选区填充前景色，如图2-106所示。

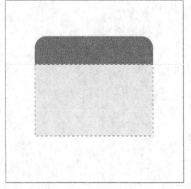

图2-106

## ▼步骤10

按Ctrl+D组合键，取消蚂蚁线。在图层面板选中"记事本底"图层，单击"编辑"菜单中"变换"选项的"旋转180度"，并向下移到和"记事本中"图层刚好接触的位置，如图2-107所示。

图2-107

## ▼步骤11

按住Ctrl键不松，选中"记事本中"和"记事本底"，右击鼠标，选择"合并图层"，并将合并图层命名为"记事本书页"，如图2-108所示。

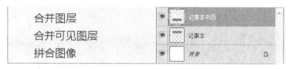

图2-108

## ▼步骤12

按住Ctrl键不放，单击图层面板中"记事本书页"方形缩览图，创建选区，如图2-109所示。

图2-109

## ▼步骤13

选择工具栏中的"渐变工具" ，单击"渐变编辑器"，如图2-110所示。

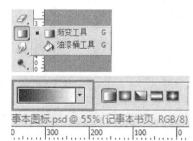

图2-110

## ▼步骤14

打开"渐变编辑器"后，选择"预设栏"中黑、白渐变。双击"色标1"滑块，进入"选择色标颜色"面板，设置R:255 G:233 B:0，单击"确定"按钮，如图2-111所示。

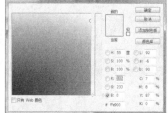

图2-111

依照步骤14，对色标2的颜色进行设置R:255 G:246
B:166，单击"确定"按钮，如图2-112所示。

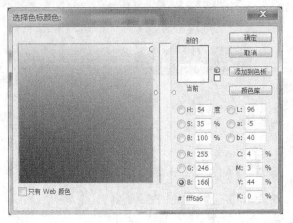

图2-112

按住Shift键不放，从选区的上方竖直向下拖曳渐变，
按Ctrl+D组合键，取消蚂蚁线，如图2-113所示。

图2-113

## 3. 绘制线条

单击"新建图层"按钮 ，创建一个新图层，并将其命名
为"线条1"。在工具栏中选择并按住图形工具 直至出
现选择栏，选择"直线工具" ，在左上角
工具栏属性设置中选择"路径图层" ，并将粗细设为
1px，绘制大小合适的直线路径。依照步骤5，为路径线建
立选区，如图2-114所示。

图2-114

单击"编辑"菜单中描边选项，设置描边宽度为1px，
描边颜色为浅蓝色R:166 G:213 B:231，按Ctrl+D组合
键，取消蚂蚁线，如图2-115所示。

图2-115

复制5份"线条1"图层，移至合适位置，如图2-116
所示。

图2-116

▼ 步骤20

依照步骤17、步骤18,绘制线条2,并填充深红色R:182 G:0 B:32,描边位置为"居外",如图2-117所示。

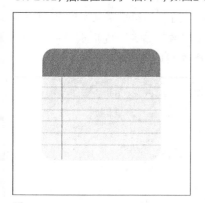

图2-117

▼ 步骤21

依照步骤17、步骤18,绘制线条3,并填充深红色R:216 G:189B:106,描边位置为"居外",如图2-118所示。

图2-118

▼ 步骤22

双击"线条3"图层,弹出"图层样式"面板,选中"内阴影"选项,设置"混合模式"为"正片叠底","不透明度"为60%,角度为-120度,其余参数不变,单击"确定"按钮。按Ctrl+H组合键,清除参考线,如图2-119所示。

图2-119

▼ 步骤23

依照步骤11,将除"背景层"和"线条3"之外的所有图层进行合并,将合并图层命名为"记事本",如图2-120所示。

图2-120

**4. 绘制透明效果**

▼ 步骤24

单击"新建图层"按钮 □,创建一个新图层,并将其命名为"透明效果"。选择工具栏中"椭圆选框工具" ◎,绘制一个椭圆选区,依照步骤9,填充前景色,前景色设置为白色R:255 G:255 B:255,如图2-121所示。

图2-121

**▼ 步骤25**

按Ctrl+D组合键，取消蚂蚁线。在图层面板中设置图层的不透明度为60%，填充度为30%，如图2-122所示。

图2-122

**▼ 步骤27**

将背景层的不透明度设置为0%，至此，记事本图标的绘制全部完成，效果如图2-124所示。

**▼ 步骤26**

双击"记事本"图层，弹出"图层样式"面板，选中"斜面和浮雕"选项，设置"样式"为"浮雕效果"，"深度"为100%，大小为5像素，角度为-20度，高度为25度，其余参数不变，单击"确定"按钮。如图2-123所示。

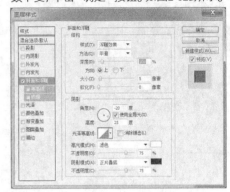

图2-123

图2-124

# 2.7 知识与技能梳理

关于手机图标的制作，首先要确定图标的使用意图，然后制作整体规划，添加新创意。在制作过程中注意保证图标的功能性、识别性、显著性、艺术性、准确性等特点。

**重要工具：** 钢笔工具、画笔工具、选择工具、移动工具、文字工具、"属性"面板。

**核心技术：** 综合运用选择、移动、自由变换和属性设置、图层面板操作、钢笔工具、画笔工具等制作手机图标。

**经验分享：**（1）在缩放图像的时候，除了可以使用鼠标拖曳缩放图像以外，还可以按住Shift键等比例缩放图像，按住快捷键Shift+Alt，以中心点等比例缩放图像；

（2）在使用"钢笔工具"绘制路径时，如果按

住Ctrl键可以将正在使用的钢笔工具临时转换为直接选择工具；如果按住Alt键可以将正在使用的钢笔工具临时转换为转换点工具；

（3）在制作发光效果时，如果发光物体或文字的颜色较深，发光颜色最好选择明亮的颜色。如果发光物体或文字的颜色较浅，则发光颜色最好选择偏暗的颜色；

（4）在使用"画笔工具"时，在画布中单击，然后按住Shift键单击画面中的任意一点，则两点之间会以直线链接。若按住Shift键，还可以绘制水平、垂直或45度角的增量直线。

**实际应用：**

飞信图标、微信图标等各种手机APP图标的制作。

# 实训1 手机图标设计

## 一、实训目的

（1）巩固读者对手机图标设计的学习，熟练掌握本阶段所学的Photoshop工具；

（2）通过实训，让读者运用Photoshop软件自己制作图标，更加透彻地掌握设计的感觉；

（3）在实训过程中，读者可加入自己的思想，设计靠的不仅是娴熟的操作技术，更需要丰富的想象力和创新精神。

## 二、实训内容

（1）飞信图标

参考2.3、2.4节所学内容制作飞信图标，如图2-125所示。

**要点提示：**注意钢笔工具、画笔工具、选择工具、移动工具、文字工具、"属性"面板的灵活使用；细心与耐心是成功的关键。

（2）计算器图标

参考2.5、2.6节所学内容制作计算器图标，如图2-126所示。

**要点提示：**注意选择工具、移动工具、文字工具、圆角矩形工具、矩形选框、"属性"面板的灵活使用；运用圆角矩形工具，矩形选框工具，复制调整等方法设计手机图标主体结构。

【素材所在位置】光盘/第2章素材/实训1/飞信图标

光盘/第2章素材/实训1/计算器图标

## 三、最终效果

图2-125

图2-126

# 第 **3** 章 Photoshop——手机主题界面设计

对于一款手机软件系统，如果仅考虑功能，缺少主题灵感，会影响用户体验效果，进而影响手机行业的发展。本章在向读者介绍手机主题界面设计思想的同时，将借助四款个性化的手机创意主题，带领大家一起动手设计手机主题界面。

## 知识技能目标

- ↘ 了解手机主题设计的意义
- ↘ 熟悉常用的手机主题制作软件
- ↘ 掌握使用Photoshop工具设计手机主题的流程
- ↘ 完成水晶花手机主题界面
- ↘ 完成冬雪的冬天手机主题界面
- ↘ 完成美好生日梦手机主题界面
- ↘ 完成清新雏菊手机主题界面

## 3.1 手机主题的基础知识

### 3.1.1 手机主题的含义

手机主题核心是界面，其目的是使用户手机界面、铃声更加个性化，满足不同用户群的需求。打个比方，手机主题就如同Windows的主题功能，用户可以通过下载手机主题一次性定义图标、背景、铃声等，一般不会改变手机内的应用程序和系统文件。

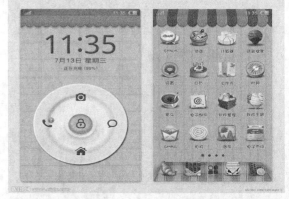

随着手机UI技术的进一步发展与普及，手机界面更注重用户群的审美观念，对美工设计的要求越来越高。一般不同品牌的手机的主题不可通用，各大手机厂商纷纷推出自己的手机主题，来满足用户的审美需求，如图3-1所示。

图3-1

## 3.1.2 手机主题的制作软件

手机主题的制作软件有很多。常用的有诺基亚的vs40 Theme Studio、索爱的Themes CreatorH、OPPO的3D炫动主题2.34和UM等。

vs40 Theme Studio是一个Nokia S40系列手机的主题编辑工具，简单易用，实时模拟，支持直接发送SDK到手机上。该软件支持的手机包括Nokia 2610，Nokia 6070，Nokia 6103，Nokia 6125，Nokia 6131和Nokia 6136。

Themes CreatorH操作相对简单。可制作待机图画个性化制作，更多丰富素材在软件中都有详细的提示，用户可根据需要进行选择。

OPPO的3D炫动主题2.34是一款全3D动态主题软件，采用诺基亚的Symbian3和Symbian4系统引擎开发，支持设置主题的动画时间、透明度、位置缩放等，并具有DIY主题功能，打造属于自己的3D超酷主题。

UX引擎是一款可以改变目前简单、呆板的手机UI界面而自主研制开发的多媒体中间产品，使用与之配套的能在普通电脑上使用的手机UI制作工具，能够突破传统手机UI界面的限制，通过配置文件的设定、控件属性的设置和JS代码的支持，可以使原本静态、无生气的手机界面变得绚丽多彩。

# 3.2 手机主题界面赏析

## 3.2.1 可爱型主题界面赏析

《祝我生日快乐》这款手机主题的风格使用卡通类型，可爱的卡通风格造型和明快的色彩容易被更多的用户所接受。例如"Hello kitty"，受到很多用户喜爱。因此无论在色彩上还是主题人物的选择上，都要针对于这一特定的用户群。色调上，可以选择粉红色系，比较符合这一主题；主题人物上，选择一些受人欢迎的卡通人物，为整体界面设计添色不少。

本主题界面以橙色为主色调，给人一种温暖、阳光的感觉。主题形象选择卡通狗，个性好动、欢快、机警、聪明，喜欢外出，性格脾气好，适应力强，因而深受广大用户的喜爱。而且，小狗是人类最忠诚的朋友，对于人类的精神生活需求十分重要。从整个界面的风格来看，是典型的可爱型主题界面，符合设计要求。以生日为主题，不仅体现设计者对精神层面的追求，而且有利于促进用户文化交流，传递正能量，如图3-2所示。

图3-2

## 3.2.2 清新风格主题界面赏析

《蓝色爱影》主题界面设计风格为文艺清新。从用户群来看，这款主题界面主要针对于15~25岁读者这一年龄段。色调要求清新、淡雅，比如选择淡蓝色，浅绿色，给人以自然、干净的感觉。布局上，画面应追求简单、明了，不宜有太多设计元素。

本主题以浅蓝色为基色，整个图标设计简单明了，浅灰色图标不仅与整体风格融合，而且使整个主题界面色彩布局更加匀称、美观、合理。中间的图标设计恰到好处，对周围的图标有吸附作用，使画面更有整体感，如图3-3所示。

图3-3

## 3.3 水晶花主题界面设计

### 3.3.1 项目创设

喜欢鲜花的人，都有过"花无百日红"的遗憾，而如今水晶花的出现似乎让鲜花永葆青春的愿望不再是梦想了，它晶莹剔透，多姿多彩，使人惊艳。它别具一格的美感，也很讨女孩子的喜欢，让很多人都爱不释手。本案例将以"水晶花"为题材，完成效果如图3-4所示。

图3-4

### 3.3.2 设计思路

在设计制作过程中，先置入一张突出主题的底图吸引用户的注意。由于手机中的信息以文字为主，所以运用了Photoshop中的"投影"效果来美化文字。然后利用矩形工具和渐变效果制作被选状态的文字特效。整个作品的色调选择根据"底图"的颜色来确定。

## 3.3.3 设计步骤

### 1. 定义背景

▼ 步骤1

打开"文件"菜单，选择"新建"，创建一个新文件，新建一个标题为水晶花，宽度为240像素，高度为400像素，分辨率为72像素/英寸，颜色模式为RGB，背景内容为透明（的画布），如图3-5所示。

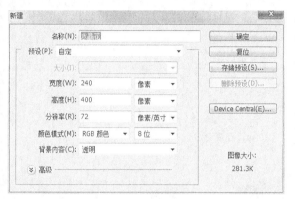

图3-5

### 2. 文字特效制作

▼ 步骤3

选中工具栏中的"横排文字工具"，在主界面的适当位置处输入"确定 返回"，如图3-7所示。

图3-7

▼ 步骤5

改变字体的属性后，效果图如图3-9所示。

▼ 步骤2

打开"文件"菜单，选择"置入"命令，将素材文件夹中的"底图"置入到舞台中，效果如图3-6所示。

图3-6

▼ 步骤4

选中"确定 返回"图层设置其属性，设置字体为[HYo2gj]，字体大小为28点，字体颜色RGB分别为32、155、144，如图3-8所示。

图3-8

图3-9

▼ 步骤6

在图层面板中选中"确定 返回"图层，然后右键单击选择"混合选项"，打开"图层样式"窗口，双击"投影"选项，设置其属性。设置混合模式为正常；阴影颜色的RGB分别为0、141、128；不透明度为100%；角度为120°，如图3-10所示。

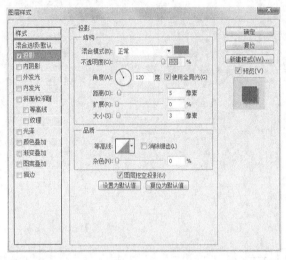

图3-10

▼ 步骤7

设置完投影效果的"确定返回"图层，其效果图如图3-11所示。

图3-11

▼ 步骤8

在图层面板中选中"确定 返回"，右键单击选择"混合选项"，打开"图层样式"窗口，双击"描边"选项，设置其属性。设置大小为2像素，位置为外部，混合模式为正常，填充类型为颜色，颜色（即描边颜色）的RGB值分别为255、255、255。如图3-12所示。

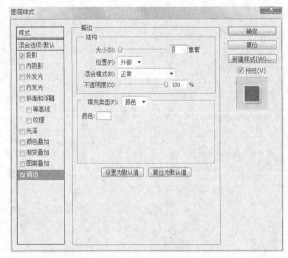

图3-12

▼ 步骤9

设置完描边和投影后的"确定 返回"图层效果如图3-13所示。

图3-13

### ▼ 步骤10

选中工具栏中的"横排文字工具"，在主界面的适当位置处输入第一个菜单"嘉年华"。选中"嘉年华"设置其属性，设置字体为[FZSZJW]，字体大小为21点，字体颜色的RGB的值分别为0、141、128。如图3-14所示。

图3-14

### ▼ 步骤11

设置完字体的效果图如图3-15所示。

### ▼ 步骤12

选中"嘉年华"所在的文字图层，单击右键，选择"混合选项"，打开"图层样式"窗口，双击"投影"选项，设置其属性。设置混合模式为正常，阴影颜色的RGB分别为255、255、255，不透明度为100%，角度为120°，距离为3像素，大小为0像素，如图3-16所示。

图3-15

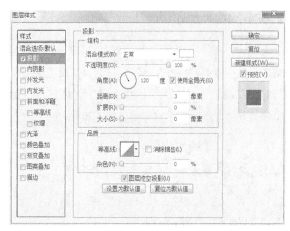

图3-16

### ▼ 步骤13

设置完投影之后，效果如图3-17所示。

### ▼ 步骤14

按快捷键Ctrl+R，调出标尺，根据字体的大小和画布的大小设置参考线，参考线之间的间距为菜单文字的高度。按照相同的方法，绘制9条参考线，如图3-18所示。

图3-17

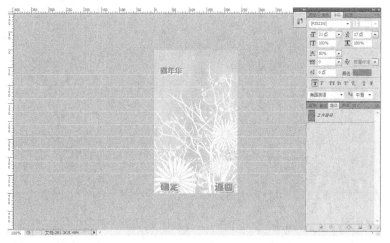

图3-18

▼ **步骤15**

使用相同的方法在画布中输入 "通话记录"、"互联网"、"我的文档"、"信息服务"、"设置"、"娱乐"、"电话簿"、"工具"，为了区分选中的菜单信息，这里将"我的文档"菜单项的字体设置为白色（R: 255 G: 255 B: 255），效果如图3-19所示。

图3-19

### 3. 模糊小圆圈的绘制

▼ **步骤16**

单击工具栏中的"矩形工具"，在其属性面板中选择"椭圆工具"，并选择"形状图层"，修改颜色的RGB值分别为255、255、255，如图3-20所示。

图3-20

▼ **步骤17**

按住键盘上的Shift键，用鼠标在画布上拖出一个正圆，效果如图3-21所示。

▼ **步骤18**

在图层面板中选中"形状一"图层，单击右键，选择"混合选项"，打开"图层样式"窗口，双击"外放光"，设置其属性。设置混合模式为滤色，不透明度为85%，杂色为0%，发光颜色的RGB的值分别为255、255、255，方法为柔和，扩展为0%，大小为5像素，如图3-22所示。

图3-21

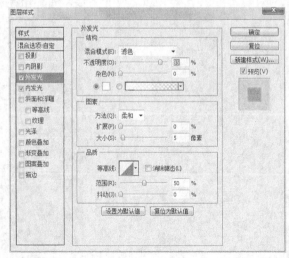

图3-22

▼ 步骤19

在图层面板中选中"形状一"图层，单击右键，选择"混合选项"，打开"图层样式"窗口，双击"内发光"，设置其属性。设置混合模式为滤色，不透明度为75%，杂色为0%，发光颜色的RGB的值分别为255、255、190，方法为柔和，源为边缘，阻塞为0%，大小为5像素，如图3-23所示。

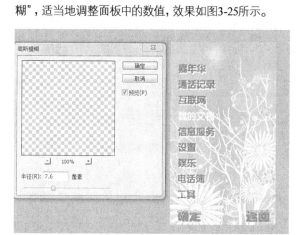

图3-23

▼ 步骤20

设置完"外发光"和"内发光"之后，效果如图3-24所示。

图3-24

▼ 步骤21

选中这个图层右击，选择栅格化，将图层"栅格化"，然后单击菜单栏中的滤镜，选择"模糊"菜单中的"高斯模糊"，适当地调整面板中的数值，效果如图3-25所示。

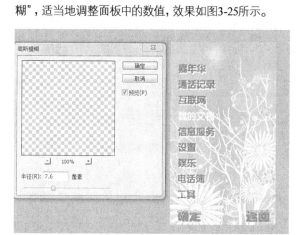

图3-25

▼ 步骤22

选中该图层，在"图层"面板中，调整其不透明度在20~30，效果如图3-26所示。

图3-26

▼ 步骤23

选中图层，同时按住Ctrl键和J键，对当前图层进行复制，然后单击移动工具 对复制的图形进行移动（合适位置），用同样的方法复制2~3次，效果如图3-27所示。

图3-27

**4. Bar条的绘制**

▼ **步骤24**

单击工具栏中的"矩形工具",设置其属性,选择
"矩形工具",并选择"形状图层",其他值默认,
如图3-28所示。

图3-28

▼ **步骤25**

在"我的文档"文字上方画一个矩形,如图3-29所示。

图3-29

▼ **步骤26**

用鼠标右键单击选择"栅格化",将该图层"栅格
化"并移动该图层,将其拖到"底图"图层的上方,
如图3-30所示。

图3-30

▼ **步骤27**

按住Ctrl键的同时并用鼠标单击图层里的形状2前的缩
略图,调出蚂蚁线,效果如图3-31所示。

图3-31

▼ **步骤28**

调出蚂蚁线后,按下Backspace键,删除蚂蚁线里的填
充色,效果如图3-32所示。

图3-32

▼ 步骤29

单击"工具栏"中的图标 █（渐变工具），在渐变编辑器中选择"从前景色到背景色"，将前后两处的下方色标设置成同一颜色（R: 67 G: 197 B: 185），再将前后两处上方的色标分别调整不透明度的值为（前: 70，后: 20），效果如图3-33所示。

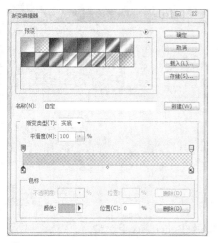

图3-33

▼ 步骤30

单击"确定"按钮之后，使用鼠标在蚂蚁线内水平拖动（从左向右）。至此，水晶花手机主题界面的绘制全部完成，效果如图3-34所示。

图3-34

# 3.4  冬雪的冬天主题界面设计

## 3.4.1  项目创设

冬天是个美丽的季节，尤其是在大雪纷飞过后。冬天的大雪给我们留下了许多珍贵的回忆片段，对于冬雪，每个人应该都会有独特的感觉以及无限的遐想。本案例将以"冬雪的冬天"为题材来设计一款个性化的手机主题，完成效果如图3-35所示。

图3-35

### 3.4.2　设计思路

　　使用矩形选框工具，内衬圆形的图案绘制，制作出手机主题的背景效果。导入"雪花"的图标样式，加上灰色的菜单艺术字体，设计出手机主题的主界面。

### 3.4.3　设计步骤

#### 1. 定义背景

#### ▼ 步骤1

打开"文件"菜单，选择"新建"命令，创建一个新文件，标题为冬雪的冬天，宽度为240像素，高度为400像素，分辨率为72像素/英寸，颜色模式为RGB，背景内容为透明（的画布），如图3-36所示。

图3-36

#### ▼ 步骤2

选中工具栏中的设置前景色颜色的按钮█，单击上面的方框（本图中蓝色方框），在弹出来的面板里设置前景色的RGB的数值分别为106、210、180，如图3-37所示。

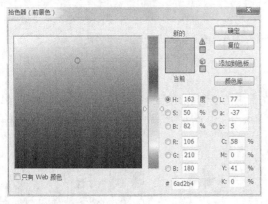

图3-37

#### ▼ 步骤3

按下键盘上的Alt+Backspace组合键为画布填充前景色，如图3-38所示。

图3-38

#### 2. 背景矩形条的绘制

#### ▼ 步骤4

使用快捷键Ctrl+R调出"标尺"命令，鼠标单击垂直标尺，从标尺中拖出几条参考线，如图3-39所示。

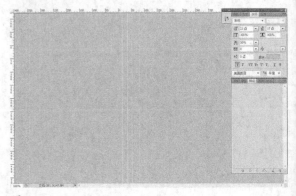

图3-39

▼ **步骤5**

单击"工具栏"中的"设置前景色"按钮 ，在弹出的面板中改变前景色的颜色（即R：255 G：255 B：255），如图3-40所示。

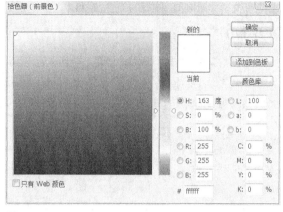

图3-40

▼ **步骤6**

单击"工具栏"中的图标 ，然后设置其属性，在其属性栏里选择矩形工具，单击形状图层，设置颜色的RGB值分别为255、255、255，如图3-41所示。

图3-41

▼ **步骤7**

利用上面所做的参考线，在画布上画出4个大小不等的矩形条，如图3-42所示。

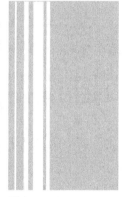

图3-42

▼ **步骤8**

按住Ctrl键将"图层"面板里的形状1、形状2、形状3、形状4全部选中，然后右击，单击合并图层，如图3-43所示。

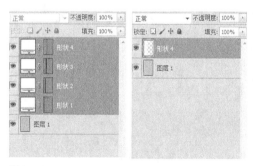

图3-43

▼ **步骤9**

选中"图层"面板中的"形状4"图层（合并后的图层），再调整"图层"面板中的不透明度（数值大概在25~30），效果如图3-44所示。

图3-44

**3. 在新文件中绘制图案并填充到主文件中**

**▼ 步骤10**

打开"文件"菜单,选择"新建",创建一个新文件,宽度为20像素,高度为20像素,分辨率为72像素/英寸,颜色模式为RGB,背景内容为透明(的画布),如图3-45所示。

图3-45

**▼ 步骤12**

单击工具栏中的▣按钮,然后设置其属性。在其属性栏里选择"椭圆工具",单击"形状"图层,设置颜色的RGB的数值分别为255、255、255,如图3-47所示。

**▼ 步骤13**

在放大之后的画布里绘制一个圆,如图3-48所示。

图3-48

**▼ 步骤15**

打开菜单栏里的"编辑"菜单,选择"定义图案",如图3-50所示。

**▼ 步骤11**

在新建的文件里单击工具栏中的 🔍 按钮,将原有的画布放大,如图3-46所示。

图3-46

图3-47

**▼ 步骤14**

单击"移动工具",然后按住Alt键,再用鼠标沿对角线拖动画布里刚绘制好的圆,对其进行复制,如图3-49所示。

图3-49

图3-50

▼ **步骤16**

返回到上一个文件（即"冬雪的冬天"），在"图层"面板中单击图标 ⏎，新建一个图层，选中新建的图层，打开菜单栏中的"编辑"菜单，再单击"填充"菜单，如图3-51所示。

图3-51

▼ **步骤17**

在弹出来的"填充"面板里，将"使用前景色"改为"使用图案"，将"自定义图案"换成刚刚保存的图案，如图3-52所示。

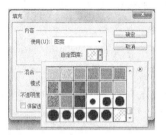

图3-52

▼ **步骤18**

单击"确定"按钮，效果如图3-53所示。

图3-53

▼ **步骤19**

选中"图层"面板中的"图层二"（即刚刚填充图案的图层），在"图层"面板里调整图层二的"不透明度"为31，效果如图3-54所示。

图3-54

## 4. 素材的置入

▼ **步骤20**

利用快捷键，同时按下键盘上的Ctrl键和R键调出标尺，单击工具栏中的"选择工具"，从标尺中拖出参考线进行界面布局，参考线绘制效果如图3-55所示。

图3-55

**▼ 步骤21**

单击菜单栏上的"文件"菜单，选择"置入"命令，将素材文件夹中的"嘉年华.png"置入到画布中，然后单击工具栏中的"移动工具"，再将图片的中心移动到左上角两条参考线的交点处，效果如图3-56所示。

图3-56

**5. 文本的输入**

**▼ 步骤23**

单击工具栏中的"横排文字工具"，在主界面的适当位置处输入 "确定"，选中"确定"设置其属性。设置字体为 [DFShaoNvW5]，字体大小为20点，字体颜色RGB分别为74、44、17，如图3-58所示。

**▼ 步骤24**

将"确定"放在画布的左下角，调整好"确定"的位置，效果图如图3-59所示。

图3-59

**▼ 步骤22**

参照上一步的步骤，将"素材"文件夹里的"通话记录.png"、"互联网.png"、"我的文档.png"、"信息服务.png"、"设置.png"、"娱乐.png"、"电话簿.png"、"工具.png"分别置入到画布中，用相同的办法调整好每个图标的位置，如图3-57所示。

图3-57

图3-58

**▼ 步骤25**

在画布的另一角写上"返回"，"返回"的属性同上面的步骤，效果如图3-60所示。

图3-60

▼ 步骤26

利用上面绘制参考线，对横排的参考线进行调整，将它们向下调整适当的位置，调整后的参考线布局如图3-61所示。

图3-61

▼ 步骤27

选中工具栏中的"横排文字工具"，在主界面的适当位置处输入 "嘉年华"，选中"嘉年华"设置其属性。设置字体为**[DFShaoNvW5]**，字体大小为20点，字体颜色RGB分别为74、44、17，如图3-62所示。

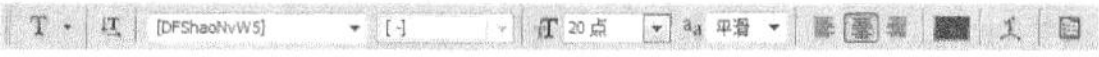

图3-62

▼ 步骤28

调整好"嘉年华"的位置，将"嘉年华"图层放到参考线左上方的交点上，效果如图3-63所示。

▼ 步骤29

参照上一步，将"通话记录"、"互联网"、"我的文档"、"信息服务"、"设置"、"娱乐"、"电话簿"、"工具"依次写在以参考线为基础的图标下。至此，冬雪的冬天手机主题界面绘制全部完成，效果如图3-64所示。

图3-63

图3-64

# 3.5 美好生日梦主题界面设计

## 3.5.1 项目创设

　　每个人的成长路上都飘荡着大大小小的梦，每一处的梦都会发出不同颜色的光，这些梦总会在失意时击中我们，让我们重新找到前进的方向，即使只是简单的生日梦，也同样值得我们珍藏。本实例以"美好生日梦"为主题设计一款个性化的手机主题，完成效果如图3-65所示。

## 3.5.2　设计思路

采用Photoshop中的素材导入、图层的操作、图层样式的设置、文字工具和打组效果设计一款卡通类型的手机主题界面，吸引年轻的用户群。

图3-65

## 3.5.3　设计步骤

### 1. 新建文件和图层

▼ 步骤1

打开Adobe Photoshop软件，按快捷键Ctrl+N，新建文件，在弹出的对话框中设置文件"宽度"为240像素，"高度"为400像素，"分辨率"为72像素/英寸，"模式"为RGB颜色，"背景内容"为白色，将名称改为"美好生日梦"，如图3-66所示。

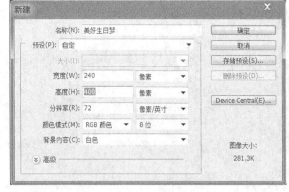

图3-66

▼ 步骤2

按F7键，打开图层面板，如图3-67所示。

图3-67

▼ **步骤3**

单击图层面板下的新建图层图标 或按Shift+Ctrl+N组合键，新建一个空白图层1，单击"确定"按钮，如图3-68所示。

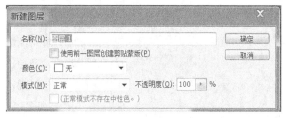

图3-68

## 2. 填充颜色

▼ **步骤4**

鼠标单击图层面板中的图层1，选中图层1，单击工具栏中的选框工具，选择矩形选框工具，在画布上拖曳出一个矩形选框，如图3-69所示。

图3-69

▼ **步骤5**

单击工具栏拾色器中的前景色，设置颜色R:153，G:209，B:224，单击"确定"按钮，如图3-70所示。

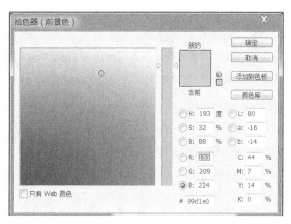

图3-70

▼ **步骤6**

按Alt+Delete组合键，填充前景色，如图3-71所示。

图3-71

▼ **步骤7**

按Ctrl+D组合键，去除蚂蚁线，如图3-72所示。

图3-72

▼ **步骤8**

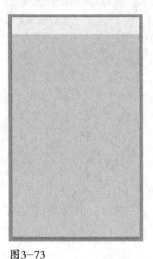

使用相同的方法，对图层1白色部分填充淡黄色，步骤同5~8，其中R:243，G:242，B:159，如图3-73所示。

图3-73

▼ **步骤9**

按Shift+Ctrl+N组合键，单击"确定"按钮。新建一个空白图层2，如图3-74所示。

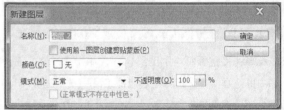

图3-74

▼ **步骤10**

选中工具栏中的拾色器，改变前景色。其值分别设置为R:209，G:149，B:62，如图3-75所示。

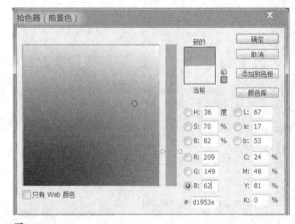

图3-75

▼ **步骤11**

单击工具栏中的矩形工具，选择椭圆工具，如图3-76所示。

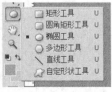

图3-76

▼ **步骤12**

在图层2底部上画一个大小适中的椭圆，如图3-77所示。

图3-77

## ▼步骤13

单击工具栏中的拾色器▢，改变前景色为白色。其值分别设置为R:255，G:255，B:255，单击"确定"按钮。如图3-78所示。

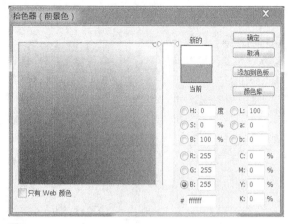

图3-78

## 3. 输入文字

## ▼步骤14

单击工具栏中的文字工具，选择横排文字工具▢•T 横排文字工具 T。将鼠标放在合适位置，输入"确定"，如图3-79所示。

## ▼步骤15

按照相同的方法，输入"返回"，如图3-80所示。

图3-79　　　　　　图3-80

## ▼步骤16

单击工具栏中的拾色器▢，改变前景色为灰色。其值分别设置为R:141，G:174，B:174，单击"确定"按钮，如图3-81所示。

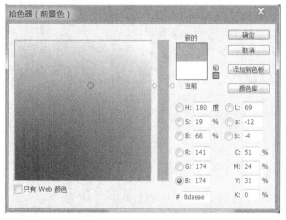

图3-81

### ▼ 步骤17

使用同步骤14的方法，输入"事业风顺"，如图3-82所示。

图3-82

### ▼ 步骤18

按下Ctrl+T组合键，对文字进行适度旋转和缩放，然后按下Enter键。效果如图3-83所示。

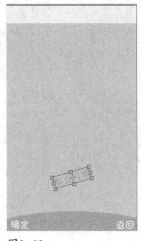

图3-83

## 4. 导入素材

### ▼ 步骤19

打开"文件"菜单，选择"置入"命令，弹出"素材文件夹"，选中"背景树1.png"，单击"置入"，导入素材，如图3-84所示。

图3-84

### ▼ 步骤20

按下键盘上的Enter键，鼠标单击工具栏中的移动工具，移动素材至合适位置，如图3-85所示。

图3-85

### ▼ 步骤21

按照步骤19、20，导入素材"背景树2.png"，并移动到合适位置，如图3-86所示。

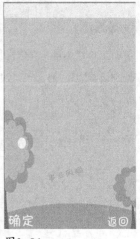

图3-86

▼ 步骤22

按照步骤19、步骤20，导入素材"男孩.png"，并移动至合适位置。如图3-87所示。

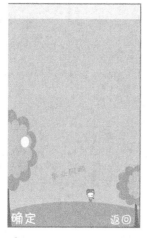

图3-87

▼ 步骤23

按照步骤19、步骤20，导入素材"女孩.png"，并移动至合适位置，如图3-88所示。

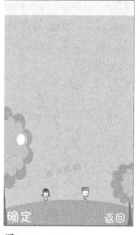

图3-88

▼ 步骤24

打开"视图"菜单，选择"新建参考线"命令，选中"水平"选项，单击"确定"按钮。如图3-89所示。

图3-89

▼ 步骤25

将光标放在水平标尺上，向下拖曳参考线至合适位置，使用相同的方法再新建两条参考线，并移至合适位置，如图3-90所示。

图3-90

▼ 步骤26

按照步骤24、步骤25，选中"垂直"选项，新建6条参考线，并移至合适位置，如图3-91所示。

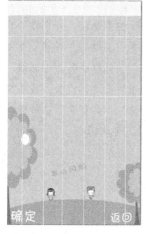

图3-91

▼ 步骤27

按照步骤19、步骤20，导入素材"娱乐.png"并移至合适位置，如图3-92所示。

图3-92

▼ 步骤28

按照步骤19、步骤20，分别导入素材"工具.png，互联网.png，嘉年华.png，信息服务.png，电话簿.png，通话记录.png，设置.png，我的文档.png"，并移至合适位置，如图3-93所示。

图3-93

▼ 步骤29

单击工具栏中的拾色器，改变前景色。其值分别设置为R:107, G:107, B:143，单击"确定"按钮，如图3-94所示。

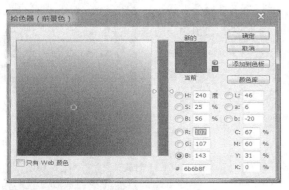

图3-94

▼ 步骤30

单击图层面板中的创建新组命令，新建一个组，如图3-95所示。

图3-95

## 5. 文字处理

▼ 步骤31

鼠标单击工具栏中的文字工具，选择横排文字工具 。将鼠标放在合适位置。输入"娱乐"，单击Enter键，移至合适位置，如图3-96所示。

图3-96

▼ 步骤32

按照步骤31，分别输入文字"工具，互联网，嘉年华，信息服务，电话簿，通话记录，设置，我的文档"，并移至合适位置，如图3-97所示。

图3-97

▼步骤33

按照步骤30，新建组2，如图3-98所示。

图3-98

▼步骤34

单击组1前的小眼睛，将组1的所有图层设置为不可视化，如图3-99所示。

图3-99

▼步骤35

单击工具栏中拾色器，改变前景色。其值分别设置为R:219，G:122，B:162，单击"确定"按钮，如图3-100所示。

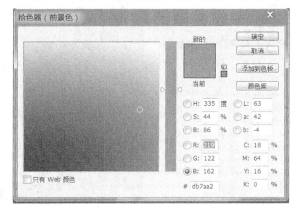

图3-100

▼步骤36

鼠标单击工具栏中的文字工具，选择横排文字工具。将鼠标放在合适位置。输入"娱乐"，单击Enter键，移至合适位置，如图3-101所示。

图3-101

▼步骤37

单击"图层"面板上的按钮，设置文字描边属性，如图3-102所示。

图3-102

▼步骤38

打开描边属性面板，设置描边颜色，设置颜色为白色，其值分别为R:255，G:255，B:255，单击"确定"按钮，如图3-103所示。

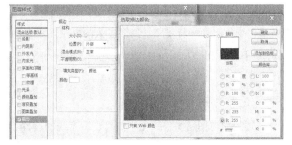

图3-103

▼ 步骤39

按照步骤36~38，分别输入文字"工具，互联网，嘉年华，信息服务，电话簿，通讯记录，设置，我的文档"，并设置其描边属性，如图3-104所示。

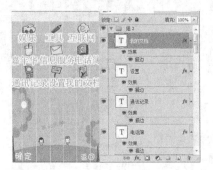

图3-104

▼ 步骤41

单击组1中除图层"娱乐"之外的所有图层的小眼睛，如图3-106所示。

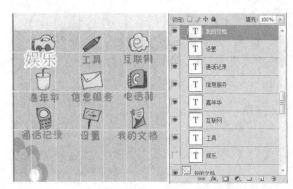

图3-106

▼ 步骤40

关闭组2中除图层"娱乐"之外的所有图层的小眼睛，如图3-105所示。

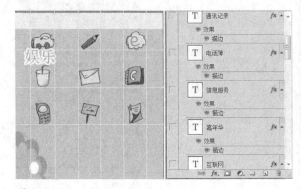

图3-105

▼ 步骤42

打开"视图"菜单，选中"清除参考线"。至此，美好生日梦手机主题界面绘制全部完成，效果如图3-107所示。

图3-107

# 3.6 清新雏菊制作

## 3.6.1 项目创设

随着智能手机的开发和普及，人们对手机界面的要求不仅仅局限于应用功能，更多地会注重界面的美观性。优秀的界面会使用户在进行交互时心情愉悦，而设计师进行界面设计时，常通过某一具体事物来产生设计灵感，雏菊因其清新淡雅受到很多人的喜爱。本实例就以"清新雏菊"为主题，设计一款手机界面，完成效果如图3-108所示。

## 3.6.2 设计思路

通过学习图层操作、文字工具、参考线的设置和打组效果的创建等知识点，培养读者对手机界面整体布局的设控能力。

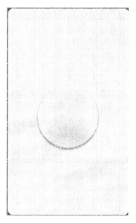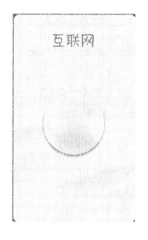

图3-108

## 3.6.3 设计步骤

### ▼ 步骤1

打开Adobe Photoshop软件，按Ctrl+N组合键，新建文件，在弹出的对话框中设置文件"宽度"为240像素，"高度"为400像素，"分辨率"为72像素/英寸，"模式"为RGB颜色，"背景内容"为白色，将名称改为"清新雏菊"，如图3-109所示。

图3-109

### ▼ 步骤2

打开"文件"菜单，选择"置入"命令，弹出"素材文件夹"，选中"背景图.png"，单击"置入"，导入素材，如图3-110所示。

图3-110

### ▼ 步骤3

打开"视图"菜单，选中"新建参考线"命令，选择"水平"选项，单击"确定"按钮，如图3-111所示。

图3-111

▼ **步骤4**

将光标放在水平标尺上，按住鼠标左键向下拖曳，将参考线移动到合适位置，如图3-112所示。

图3-112

▼ **步骤5**

按照步骤3、步骤4,选择"水平"选项，再次新建12条参考线，并移至合适位置，如图3-113所示。

图3-113

▼ **步骤6**

按照步骤3、步骤4,选择"垂直"选项，新建17条参考线，并移至合适位置，如图3-114所示。

图3-114

▼ **步骤7**

打开"文件"菜单，选择"置入"命令，弹出"素材文件夹"，选中"素材1.png"，单击"置入"，导入素材，如图3-115所示。

图3-115

▼ **步骤8**

按下键盘上的Enter键，鼠标单击工具栏中的移动工具 ，移动素材至合适位置，如图3-116所示。

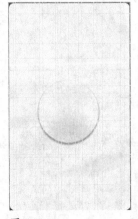

图3-116

▼ **步骤9**

单击图层面板中的创建新组命令 ，创建一个组，如图3-117所示。

图3-117

## ▼ 步骤10

双击图层面板中的"组1" ，弹出"组属性"面板，将名称改为"文字"，其余属性保持不变，如图3-118所示。

图3-118

## ▼ 步骤11

鼠标单击工具栏中的文字工具，选择横排文字工具 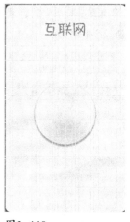 。将鼠标放在合适位置，输入"互联网"，单击Enter键，移至合适位置，如图3-119所示。

图3-119

## ▼ 步骤12

将光标放在图层面板中的"互联网"文字图层上，按住鼠标左键不放向下拖曳到"文字"组上，将"互联网"图层拉进"文字"组里，如图3-120所示。

图3-120

## ▼ 步骤13

关闭图层面板中"文字"组中图层"互联网"的小眼睛 ，如图3-121所示。

图3-121

## ▼ 步骤14

按照步骤11、步骤12，分别建立8个文字图层，分别输入"现代乐园"、"电话本"、"娱乐"、"设置"、"信息"、"我的文档"、"通话中心"、"多媒体"，如图3-122所示。

图3-122

## ▼ 步骤15

关闭"文字"组中除图层"互联网"之外的所有图层的小眼睛 ，如图3-123所示。

图3-123

#### ▼ 步骤16

单击图层面板中的创建新组 □ 的命令，创建一个组，
如图3-124所示。

图3-124

#### ▼ 步骤18

单击"文件"菜单，选择"置入"命令，弹出"素材
文件"文件夹，选中"信息.png"，单击"置入"，
导入素材，如图3-126所示。

#### ▼ 步骤19

单击键盘上的Enter键，鼠标选择工具栏中的移动工具
 ▶╅ ，移动素材至合适位置，如图3-127所示。

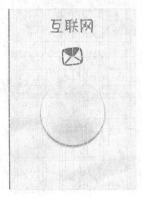

图3-127

#### ▼ 步骤17

双击图层面板中的"组1" 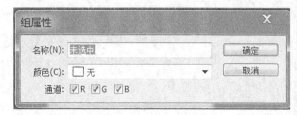，弹出
"组属性"面板，将名称改为"未选中"，其余属性
保持不变，单击"确定"按钮，如图3-125所示。

图3-125

图3-126

#### ▼ 步骤20

将光标放在图层面板中的"信息"图层上，按住鼠标
左键不放向下拖曳到"未选中"组上，将"信息"图
层拉进"未选中"组里，如
图3-128所示。

图3-128

**▼ 步骤21**

按照步骤18~20，分别置入"互联网"，"娱乐"，"我的文档"，"设置"，"通话记录"，"现代乐园"，"多媒体"，"电话本"，移动至合适位置，并将所有图层移至"未选中"组中，如图3-129所示。

图3-129

**▼ 步骤22**

关闭"未选中"组中所有图层的小眼睛，如图3-130所示。

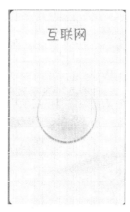

图3-130

**▼ 步骤23**

按照步骤9、步骤10，创建一个新组，并将名称改为"选中"，如图3-131所示。

图3-131

**▼ 步骤24**

按照步骤18~20，分别置入"信息1.png"，"互联网1.png"，"娱乐1.png"，"我的文档1.png"，"设置1.png"，"通话记录1.png"，"现代乐园1.png"，"多媒体1.png"，"电话本1.png"，移动至合适位置，如图3-132所示。

图3-132

▼ **步骤25**

将步骤24中所有素材图层拖曳到组"选中"中，如图
3-133所示。

图3-133

▼ **步骤26**

关闭"选中"组中除"互联网1"图层外所有图层的小
眼睛，如图3-134所示。

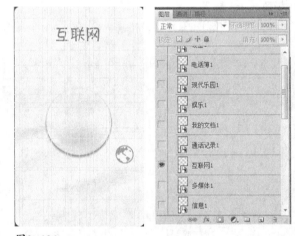

图3-134

▼ **步骤27**

打开"未选中"组中除"互联网"图层外所有图层的
小眼睛。至此，清新雏菊手机主题界面绘制全部完
成，效果如图3-135所示。

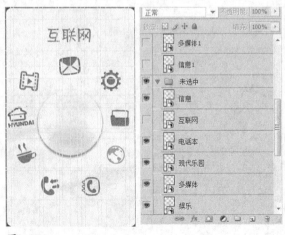

图3-135

# 3.7 知识与技能梳理

关于手机主题界面的制作，首先要确定用户的使用人群，确定主题风格，确保界面风格保持一致，然后制作好整体规划，添加新创意，接着运用交互动画，增强与用户之间的沟通。

**重要工具：**选框工具、移动工具、文字工具、渐变工具、"属性"面板，定义图案等。

**核心技术：**通过已有素材，综合运用选择、移动、自由变换和属性设置、图层面板操作、渐变工具的设置、定义图案及图案的填充等制作手机主题界面。

**经验分享：**

（1）在使用"画笔工具"时，按[键可减少画笔的直径，按]键可增加画笔的直径，按Shift+[组合键可减少画笔的硬度，按Shift+]组合键可增加画笔的硬度；

（2）在使用"椭圆选框工具"创建选区的时候，按住Shift键拖曳鼠标，可以创建正圆形，按Shift+M组合键可以在"椭圆选框工具"和"矩形选框工具"之间进行快速切换；

（3）在定义图案的时候，必须使用没有羽化的矩形进行定义，如果对矩形选区进行羽化，那么"定义图案"命令是不可用的；

（4）界面制作过程中，涉及的图层较多的时候，为了操作方便，可以进行分组管理。

实际应用：卡通、浪漫、商务、中性等类型的智能手机主题界面的制作。

## 实训2　手机主题界面设计

### 一、实训目的

（1）巩固读者对手机主题界面设计的学习，熟练掌握本阶段所学Photoshop工具；

（2）通过实训，让读者运用Photoshop软件自己制作手机主题，更加透彻地掌握手机主题制作的方法和设计的感觉；

（3）在实训过程中，读者可加入自己的想法和创意，只有具备创新精神和独特审美能力，才能设计出令人耳目一新的手机主题界面。

### 二、实训内容

（1）粉红泡泡

参考3.3、3.4节所学内容制作"粉红泡泡"手机主题，如图3-136所示。

**要点提示：** 使用钢笔工具绘制四叶草。使用渐变工具绘制相机的倒影效果。图层样式在各图层的应用。使用渐变工具绘制高光效果。

（2）中国风

参考3.5、3.6节所学内容制作"中国风"手机主题，如图3-137所示。

**要点提示：** 使用图层创建工具，导入素材，使用"文字"工具，对文字进行简单编辑和处理。

【**素材所在位置**】光盘/实训素材/实训2/粉红泡泡

光盘/实训素材/实训2/中国风

### 三、最终效果

图3-136

图3-137

# 第4章 Photoshop——手机锁屏界面设计

锁屏界面作为用户与手机软件交互的最直接的入口，它除了保障用户手机信息安全之外，其多元化、个性化的界面设计更受现在手机用户的青睐。本章在向读者解答如何设计精美锁屏界面的同时，依托四款富有创意的锁屏界面将带领大家一起动手设计。

**知识技能目标**

- ⬐ 了解手机锁屏界面设计原则
- ⬐ 掌握使用Photoshop工具设计手机锁屏界面的思路
- ⬐ 完成"可爱小黄鸭"手机锁屏界面
- ⬐ 完成"魔幻方块"手机锁屏界面
- ⬐ 完成"幸福有点萌"手机锁屏界面
- ⬐ 完成"甜蜜恋人"手机锁屏界面

## 4.1 手机锁屏界面的基础知识

目前大多数手机锁屏界面除了可以改变锁屏界面的壁纸、解锁方式，已有的锁屏应用大多数是围绕与变换各种滑屏解锁的视觉表现形式而展开设计。而作为人机交互的第一道关口，锁屏界面的设计已不仅仅只是华丽或简单的风格配上简单的解锁。

一般来说，锁屏分为三种形态：原始状态、充电状态以及触发状态。彼此之间的关系网如图4-1所示。

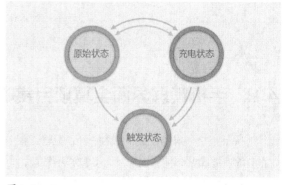

图4-1

### 4.1.1 手机锁屏界面设计标准

无论是华丽唯美的锁屏界面，还是简约明朗的设计风格，在设计锁屏界面时，设计者首先考虑的因素都是以人为本。其主要具有如下特性：（1）交互性：信息传递准确，手机锁屏界面操作手感舒适。（2）艺术性：强烈的视觉效果，鲜明、生动。（3）创意性：界面中展现出众的想象力、独创性，能够引起用户的心灵共鸣。（4）可用性：是否能在一般性的智能手机上运行顺畅，如图4-2所示。

图4-2

69

### 4.1.2　手机锁屏界面可用性原则

　　手机锁屏界面有如下可用性原则：（1）尽量避免让用户觉得这个界面是为了设计而设计，减少其操作的等待感。（2）每一个锁屏动画界面都应有其存在的意义，切勿为了追求华丽视觉而一味地添加一些不必要的效果。（3）要求在一般性的智能手机上运行顺畅。

### 4.1.3　手机锁屏界面的情感化设计

　　产品设计中的趣味性、愉悦度，这些都是针对用户情感化设计的领域功能，它们很重要。一个主题如果缺少了情感的作用，很难产生一些东西，像快乐、愉悦、悲伤、美花、大海……这些都是很普通的名词，但将它们富有诗意地组合在一起，就会让用户有不同的感觉。

　　交互设计的本质是对用户行为的一种设计，直达内心的设计能够影响用户自身的情感，从而导致用户的行为。因而界面设计之初，设计者首要考虑的不仅仅是用户，而是对自身理性的考量，如图4-3所示，传达了一种心心相印的情感元素。

图4-3

## 4.2　手机锁屏界面全真项目赏析

　　Iphone手机锁屏界面最常见的一种，配合一张个性的DIY壁纸图片，简约而明了，其风格不繁琐，也不会带来操作上的等待感，较为实用，如图4-4所示。

　　千机解锁是一款个性、有趣的解锁软件，通过它，可以随意更换解锁界面，摆脱以往千篇一律、索然无趣的屏幕解锁，拥有真正属于自己的解锁风格，如图4-5、图4-6和图4-7分别为解纽扣、萝莉女仆和两情相悦主题的解锁界面。

图4-4

图4-5                    图4-6                    图4-7

# 4.3 "可爱小黄鸭"锁屏界面设计

## 4.3.1 项目创设

近年来，手机产业在出现价格竞争的背景下，手机的人机交互界面（UI）却给手机市场提供新的卖点，被认为是新的产业动力。而视觉作为人机交互的第一步，无论是华丽还是简洁的风格，都力求足够吸引人眼球。本案例以"可爱小黄鸭"为题材，设计一款个性化的锁屏主题，完成效果如图4-8所示。

## 4.3.2 设计思路

在设计比较大型的项目时，为了更好地管理和操作多而繁琐的图层，需要读者能够熟练地掌握利用"组"来对图层进行管理。本案例使用毛线球从左边滚动到右边篮子中来实现界面的解锁功能。

图4-8

## 4.3.3　设计步骤

### 1.定义背景

▼ **步骤1**

打开Adobe Photoshop 软件，按快捷键Ctrl+N，新建文件，在弹出的对话框中设置文件"宽度"为480像素，"高度"为854像素，"分辨率"为72像素/英寸，"模式"为RGB颜色，"背景内容"为"白色"，命名为"可爱小黄鸭"。如下图4-9所示。

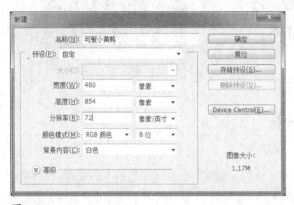

图4-9

▼ **步骤2**

打开"文件"菜单，选择"置入"命令，弹出"素材文件"文件夹，选中"可爱小黄鸭.jpg"，单击"置入"，导入素材，如图4-10所示。

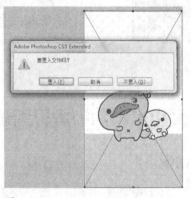

图4-10

▼ **步骤3**

单击工具箱中的"移动工具"，调整图片大小及位置到合适位置，并栅格化图层，如图4-11所示。

图4-11

▼ **步骤4**

按照步骤2、步骤3的方法，将素材文件夹中的"可爱小黄鸭-2.jpg"、"可爱小黄鸭-3.jpg"导入到画布中，并栅格化图层。新建一个组，命名为"图"，将三个图片图层拖入"图"组里，如图4-12所示。

图4-12

## 2."篮子后面"组的绘制

### ▼ 步骤5

新建一个组,命名为"篮子后面"。新建"图层1",选择钢笔工具,设计一个篮子背面阴影。设计完成后按住Ctrl键,鼠标单击工作路径,将路径变为选区,图4-13所示。

图4-13

### ▼ 步骤6

单击工具箱中的"油漆桶工具",将前景色的RGB值改为170,87,18,如图4-14所示。

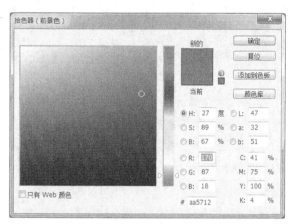

图4-14

### ▼ 步骤7

按下组合键Alt+Delete填充前景色,按下Ctrl+D组合键取消蚂蚁线,完成第一个篮子后面阴影,如图4-15所示。

图4-15

### ▼ 步骤8

按照步骤5、7的方法,在"篮子后面"组里新建"图层2"和"图层3",设计篮子后面的阴影效果,并利用移动工具和变形工具对图层进行调整和移动,如图4-16所示。

图4-16

## 3. "线"组的绘制

### ▼ 步骤9

新建一个组，命名为"线"。在组里新建"图层1"，将前景色的RGB值改为245，153，162，用铅笔工具在画布里画一条曲线。选择"图层1"，单击f(x)图层样式，选中投影效果，设置不透明度为75%，距离为2，扩展为2，大小为4，如图4-17所示。

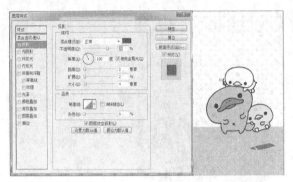

图4-17

### ▼ 步骤11

继续选择图层样式中的描边，大小设置为2，混合模式为"正常"，不透明度为100%，颜色的RGB值为255，234，239，如图4-19所示。

### ▼ 步骤12

将图层"1"进行复制，建立图层1副本"图层2~图层10"。

## 4. "阴影"组的绘制

### ▼ 步骤13

新建一个组"阴影"，新建"图层1"，选择矢量工具中的"椭圆工具"，将前景色的RGB值设置为107，63，20，在画布中画出一个椭圆，并将其填充改为30%，如图4-20所示。

### ▼ 步骤10

在投影图层样式中，将"混合模式"选项的颜色RGB值设置为121，53，23，如图4-18所示，单击"确定"按钮。

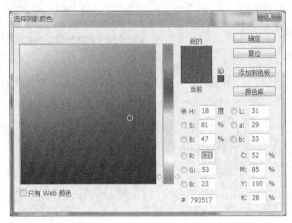

图4-18

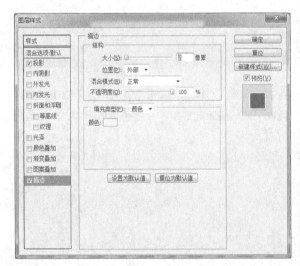

图4-19

图4-20

### ▼ 步骤14

继续选择矢量工具中的"椭圆工具"，设计如"形状1"所示的"形状2"、"形状3"图形，调整其大小和位置，如图4-21所示。

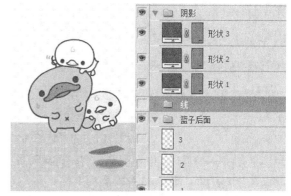

图4-21

## 5. "右边线团"组的绘制

### ▼ 步骤15

新建一个组，命名为"右边线团"，在该组中继续新建一个组"红线团"。单击"文件"菜单中的"打开"命令，选中"红线团.psd"，打开后右击"红色线团"图层，单击复制图层，目标选择"可爱小黄鸭"界面，单击"确定"按钮，将"红色线团"图层复制到"红线团"组中，并将其调整到合适位置，如图4-22所示。

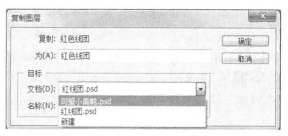

图4-22

### ▼ 步骤16

选择图层样式"投影"命令，将其颜色的RGB值设置为121，53，23，混合模式为"正常"，不透明度为75%，距离为9，扩展为2，大小设置为8，设置如图4-23所示。

### ▼ 步骤17

继续选择图层样式"描边"命令，将其颜色的RGB值设置为255，227，230，大小设置为2，混合模式为"正常"，不透明度100%。设置如图4-24所示。

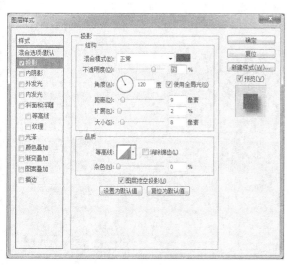

图4-23

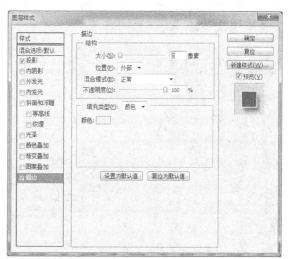

图4-24

## ▼ 步骤18

将图层"红色线团"复制3次，分别命名为图层"2~4"，并适当调整至合适位置。

## ▼ 步骤19

在"右边线团"组中新建"蓝线团"组，根据步骤15~18的方法，选中"素材文件"文件夹中的"蓝线团.psd"，复制"蓝色线团"到"可爱小黄鸭"中，并将其调整到合适位置，修改其图层样式的"描边"命令，将RGB值分别设置为224，245，255，如图4-25所示。

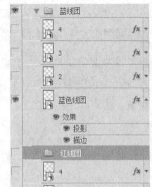

图4-25

## ▼ 步骤20

在"右边线团"中新建"黄线团"组，根据步骤15~18的方法，选中"素材文件"文件夹中的"黄线团.psd"，复制"黄色线团"到"可爱小黄鸭"中，并将其调整到合适位置，修改其图层样式的"描边"命令，将其RGB值改为255，251，216，如图4-26所示。

图4-26

## 6. "解锁线团"的绘制

## ▼ 步骤21

新建一个组，命名为"解锁线团"，复制"红色线团图层"到"解锁线团"组中，命名为图层"1"，适当调整其大小及位置，如图4-27所示。

图4-27

## ▼ 步骤22

将图层"1"复制11次，分别命名为"2~12"，并调整其在画布上的位置，如图4-28所示。

图4-28

**▼ 步骤23**

关闭"线"组中的图层"1"和"解锁线团"组中的图层"1"前面的小眼睛，打开"解锁线团"组中的图层"2"和"线"组里的图层"1副本2"，选中图层"1副本2"，将画布中图层"1副本2"的多余部分使用橡皮擦工具擦除，如图4-29所示。

图4-29

**▼ 步骤24**

重复步骤23，关闭"线"组中的图层"1副本2"和"解锁线团"组中的图层"2"前面的小眼睛，打开"解锁线团"组中的图层"3"和"线"组中的图层"1副本3"，选中图层"1副本3"，将画布中"1副本3"的多余部分使用橡皮擦工具擦除。重复上述步骤至"线"组中的图层"1副本11"和"解锁线团"组中的图层"11"。直至"红线团"沿着毛线从界面左侧滚动到右侧，最终效果如图4-30所示。

图4-30

## 7. "待机"组的绘制

**▼ 步骤25**

新建一个组，命名为"待机"，将"阴影"组里的图层"1"复制到"待机"组中，并命名为"阴影"图层，调整其大小及位置，并将其填充改为50%，如图4-31所示。

图4-31

**▼ 步骤26**

将"解锁线团"中的图层"1"复制到"待机"组中，并适当调整其位置，如图4-32所示。

图4-32

▼ 步骤27

将"待机"组中的图层"1"进行复制，分别命名为图层"2~6"，并调整其大小及位置，如图4-33所示。

图4-33

## 8、"篮子"组的绘制

▼ 步骤28

新建一个组，命名为"篮子"，选择"文件"菜单中的"打开"命令，打开"素材"文件夹，选中"篮子.psd"，单击"打开"，如图4-34所示。

图4-34

▼ 步骤29

将"篮子"文档中的图层"1"复制到"可爱小黄鸭"画布中，如图4-35所示。

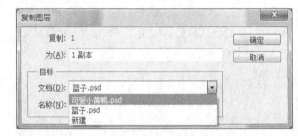

图4-35

▼ 步骤30

选中"篮子"组中的图层"1"，选择图层样式中的"投影"命令，将混合模式设置为"正常"，不透明度改为75%，角度设为120，距离设为4，扩展设为0，大小设为4，颜色的RGB值设为92，68，17，如图4-36所示。

图4-36

## ▼ 步骤31

将图层1进行复制，分别命名为图层"2~3"，利用变形工具改变其位置，如图4-37所示。

图4-37

### 9. 文字组的绘制

## ▼ 步骤32

新建一个组，命名为"时间"，选择工具箱中的"直排文字工具"，将前景色的RGB值设置为153，55，55，在画布中写下时间"12:30"，如图4-38所示。

图4-38

## ▼ 步骤33

选中文字图层，选择图层样式中的"描边"命令，其大小设置为5，混合模式为"正常"，不透明度为100%，颜色的RGB值设置为255，204，204，如图4-39所示。

图4-39

## ▼ 步骤34

继续选择图层样式中的"投影"命令，混合模式设为"正常"，不透明度设为75%，距离值设为4，扩展设为0，大小值设为4，颜色的RGB值设置为92，35，35，如图4-40所示。

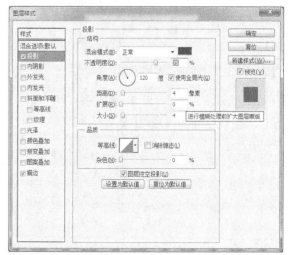

图4-40

## ▼ 步骤35

按照上述步骤32~34，分别在画布中输入文字
"04/10"和"周三"。效果如图4-41所示。

图4-41

## ▼ 步骤36

在"时间"组中新建一个组，命名为"星期"，在"星期"组
中新建文字图层，选择"横排文字工具"，在画布中文字"周
三"的位置写下"周一"，大小一致，选择图层样式中的描
边命令，其大小设置为5，混合模式为"正常"，不透明度为
100%，颜色的RGB值设置为255，204，204，如图4-42所示。

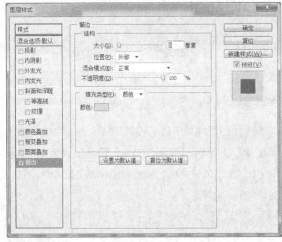

图4-42

## ▼ 步骤37

继续选择图层样式中的"投影"命令，混合模式设为
"正常"，不透明度设为75%，距离值设为4，扩展
设为0，大小值设为4，颜色的RGB值设置为92，35，
35，如图4-43所示。

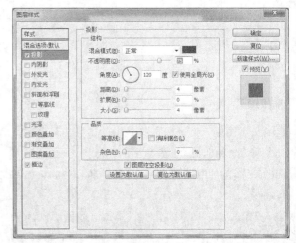

图4-43

## ▼ 步骤38

将"周一"文字图层进行复制，制作文字图层"周二~
周日"，大小、位置及图层样式均不改变，效果如图
4-44所示。

图4-44

## ▼ 步骤39

新建一个组，命名为"星期e"，将文字图层"周一"复制到"星期e"组中，将文字改为"Mon"，并调整其大小及位置，如图4-45所示。

图4-45

## ▼ 步骤40

复制文字图层"Mon"，新建文字图层"Tue~Sun"，大小、位置及图层样式均不改变，效果如图4-46所示。

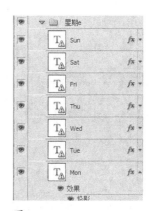

图4-46

## ▼ 步骤41

新建一个组，命名为"星期"，将文字图层"周一"继续复制到"星期"组中，改变其文字内容为"1"，大小设为30点，文字覆盖画布中"04/10"的前一个"0"，效果如图4-47所示。

图4-47

## ▼ 步骤42

复制文字图层"1"，新建文字图层"2~9"以及"0"和"/"图层，图层的大小和图层样式保持不变，适当改变其位置，可以组合成不同的日期样式，效果如图4-48所示。

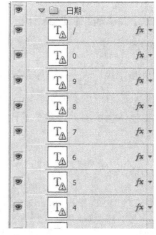

图4-48

▼ 步骤43

新建一个组，命名为"时间"，将文字图层"12:30"复制到"时间"组中，将文字改为"1"，大小为100点，覆盖到文字图层"12:30"中"1"的位置，效果如图4-49所示。

图4-49

▼ 步骤44

复制文字图层"1"，新建文字图层"2~9"以及"0"和":"图层，图层的大小和图层样式保持不变，适当改变其位置，可以组合成不同的时间格式，效果如图4-50所示。

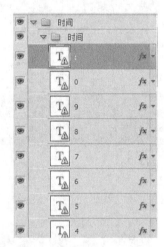

图4-50

▼ 步骤45

关闭类似图层前面的小眼睛，"可爱小黄鸭"的静态效果便完成了，最终效果如图4-51所示。

图4-51

## 10. 锁屏界面的动画设计

▼ 步骤46

单击"窗口"菜单中的"动画"，调出动画浮动面板，若显示不为帧动画，鼠标左键单击动画工具箱右上角的指示图标，单击"转换为帧动画"，如图4-52所示。

图4-52

▼ 步骤47

鼠标左键单击帧动画右上角的指示图标，单击"新建帧"，在选中第2帧动画的状况下，打开"待机"组中图层"2"前面的小眼睛，关闭图层"1"前面的小眼睛，如图4-53所示。

图4-53

## ▼ 步骤48

根据步骤47的方法，新建第3帧，打开"待机"组中的图层"3"前面的小眼睛，关闭图层"2"前面的小眼睛，如图4-54所示。

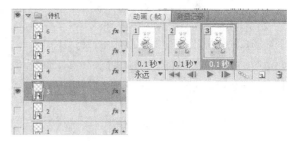

图4-54

## ▼ 步骤49

根据步骤47和步骤48的方法，新建帧"4~6"，并在制作相应帧时，关闭和打开"待机"组中相应的图层，如图4-55所示。

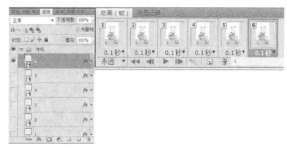

图4-55

## ▼ 步骤50

继续新建第7帧动画，打开"待机"组中的图层"5"前面的小眼睛，关闭图层"6"前面的小眼睛，如图4-56所示。

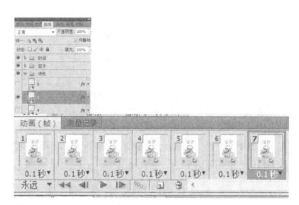

图4-56

## ▼ 步骤51

新建第8帧，根据步骤50的方法，打开"待机"组中的图层"4"前面的小眼睛，关闭图层"5"前面的小眼睛，如图4-57所示。

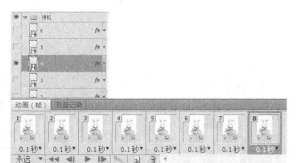

图4-57

## ▼ 步骤52

依照步骤47和步骤48的方法，新建帧"9~11"，与步骤47~49相反方向，并在制作相应帧时，关闭和打开"待机"组中相应的图层，如图4-58所示。

图4-58

## ▼ 步骤53

新建第12帧动画，关闭"待机"组中图层"1"前面的小眼睛，打开"解锁线团"组中图层"1"前面的小眼睛，效果如图4-59所示。

图4-59

## ▼ 步骤54

新建第13帧动画，关闭"解锁线团"组中图层"1"和"线"组中图层"1"前的小眼睛，打开"解锁线团"组中图层"2"和"线"组中图层"1副本2"前面的小眼睛，效果如图4-60所示。

图4-60

## ▼ 步骤55

新建第14帧动画，根据步骤54的方法，关闭"解锁线团"组中图层"2"和"线"组中图层"1副本2"前面的小眼睛，打开"解锁线团"组中图层"3"和"线"组中图层"1副本3"前面的小眼睛。效果如图4-61所示。

图4-61

## ▼ 步骤56

根据步骤54和步骤55的方法，每新建一个帧动画，相应地关闭和打开"解锁线团"组中的图层"3~8"和"线"组中的图层"1副本3~1副本8"前面的小眼睛，设置后效果如图4-62所示。

图4-62

▼ 步骤57

新建第20帧动画，关闭"解锁线团"组中图层"8"和"线"组中图层"1副本8"前面的小眼睛，打开"解锁线团"组中图层"9"和"线"组中图层"1副本9"前面的小眼睛，分别关闭"篮子后面"组中图层"1"和"篮子"组中的图层"1"以及"阴影"组中的"形状1"图层前面的小眼睛，打开"篮子后面"组中图层"2"和"篮子"组中的图层"2"以及"阴影"组中的"形状2"图层前面的小眼睛，同时分别关闭"右边线团"组中"红线团"组中的"红色线团"和"蓝线团"组中的"蓝色线团"以及"黄线团"组中的"黄色线团"前面的小眼睛，同时分别打开三个组中的图层"2"前面的小眼睛，适当调整阴影和篮子后面阴影以及线团的位置。效果如图4-63所示。

图4-63

▼ 步骤58

根据步骤57的方法，新建第21帧动画，关闭"解锁线团"组中图层"9"和"线"组中图层"1副本9"前面的小眼睛，打开"解锁线团"组中图层"10"和"线"组中图层"1副本10"前面的小眼睛，分别关闭"篮子后面"组中图层"2"和"篮子"组中的图层"2"以及"阴影"组中的"形状2"图层前面的小眼睛，打开"篮子后面"组中图层"3"和"篮子"组中的图层"3"以及"阴影"组中的"形状3"图层前面的小眼睛，同时分别关闭"右边线团"组中"红线团"组的"2"和"蓝线团"组的"2"以及"黄线团"组的"2"前面的小眼睛，同时打开三个组中的图层"3"前面的小眼睛，适当调整阴影和篮子后面阴影以及线团的位置。效果如图4-64所示。

图4-64

▼ 步骤59

新建第22帧动画，关闭"解锁线团"组中图层"10"和"线"组中图层"1副本10"前面的小眼睛，打开"解锁线团"组中图层"11"前面的小眼睛，分别关闭"篮子后面"组中图层"3"和"篮子"组中的图层"3"以及"阴影"组中的"形状3"图层前面的小眼睛，打开"篮子后面"组中图层"2"和"篮子"组中的图层"2"以及"阴影"组中的"形状2"图层前面的小眼睛，同时分别关闭"右边线团"组中"红线团"组中的"3"和"蓝线团"组中的"3"以及"黄线团"组中的"3"前面的小眼睛，同时分别打开三个组中的图层"4"前面的小眼睛，适当调整阴影和篮子后面阴影以及线团的位置。效果如图4-65所示。

图4-65

#### ▼ 步骤60

新建第23帧动画，关闭"解锁线团"组中图层"11"前面的小眼睛，打开"解锁线团"组中图层"12"前面的小眼睛，分别关闭"篮子后面"组中图层"2"和"篮子"组中的图层"2"以及"阴影"组中的"形状2"图层前面的小眼睛，打开"篮子后面"组中图层"1"和"篮子"组中的图层"1"以及"阴影"组中的"形状1"图层前面的小眼睛，同时分别关闭"右边线团"组中三个组中的图层"4"前面的小眼睛，同时分别打开"右边线团"组中"红线团"组的"红色线团"和"蓝线团"组的"蓝色线团"以及"黄线团"组的"黄色线团"前面的小眼睛。效果如图4-66所示。

图4-66

#### ▼ 步骤61

对所有图层和组进行整理，将所有帧的延迟时间设为0.1秒，循环选项设为"永远"，选中动画面板中的第一帧，单击"播放"按钮，播放锁屏界面的序列帧。至此，整个"可爱小黄鸭"的锁屏界面绘制全部完成。效果如图4-67所示。

图4-67

# 4.4 "魔幻方块"锁屏界面设计

## 4.4.1 项目创设

　　随着信息技术的不断发展，手机已经成为人们手中不可或缺的电子产品，每个人的手机里也都会存储一些重要信息，而锁屏界面作为人机交互的第一道关口，对手机里面的信息起到很好的保护作用。同时富有创意的屏幕解锁会给用户带来很多别样的乐趣。本案例以"魔幻方块"为题材，设计手机锁屏界面，完成效果如图4-68所示。

## 4.4.2 设计思路

　　案例主要采用图层样式、渐变工具、自定义形状工具以及一些不透明度的调整来设计界面。本案例使用从左到右滑动小锁的方式实现解锁功能。

图4-68

## 4.4.3 设计步骤

### 1. 定义背景

**▼ 步骤1**

打开Adobe Photoshop 软件，按快捷键Ctrl+N，新建文
件，在弹出的对话框中设置文件"宽度"为480像素，
"高度"为854像素，"分辨率"为72像素/英寸，
"模式"为RGB颜色，"背景内容"为白色，命名为
"魔幻方块"。如下图4-69所示。

图4-69

**▼ 步骤2**

新建一个组，命名为"bg"，选择"文件"菜单中的
"置入"命令，打开"素材"文件夹，选中"6.jpg"
文件，单击"置入"，将该图片导入到"魔幻方块"
文档中，如图4-70所示。

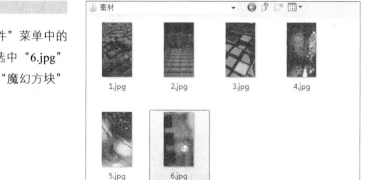

图4-70

▼ 步骤3

单击工具箱中的"移动工具"，提示是否置入，单击
"置入"，并将其拖入"bg"组中，如图4-71所示。

图4-71

▼ 步骤4

根据步骤2、步骤3的方法，将素材中图片"5~1"导入
到"bg"组中，并适当调整其位置到合适位置关闭图
层"2~6"前面的小眼睛，如图4-72所示。

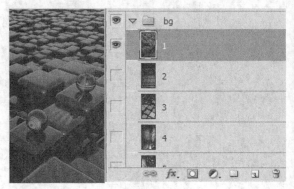

图4-72

## 2. 文字图层的绘制

▼ 步骤5

新建一个图层，命名为"遮罩"，选择矢量工具中
的"矩形工具"，将前景色的RGB值设置为49，
49，49，在画布中画一个矩形，并将其不透明度改为
35%，如图4-73所示。

图4-73

▼ 步骤6

选中"遮罩"图层，选择图层样式中的"内发光"
命令，将混合模式设置为"正常"，不透明度设为
75%，杂色设为0%，颜色设置为白色，其他参数设置
如图4-74所示。

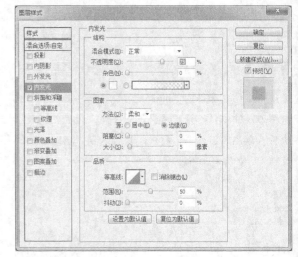

图4-74

▼ **步骤7**

继续选择图层样式中的"斜面与浮雕"命令,将其样式改为枕状浮雕,大小设置为1,软化为0,高光模式改为"正常",阴影模式改为"正常",其他参数设置如图4-75所示。

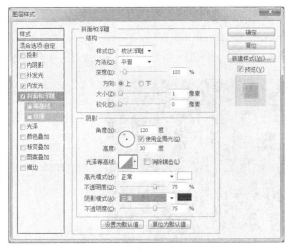

图4-75

▼ **步骤8**

继续选择图层样式中的"描边"命令,其大小设置为12,混合模式设为"正常",不透明度设置为22%,颜色改为白色,设置完成关闭其图层样式可见性。其参数设置如图4-76所示。

图4-76

▼ **步骤9**

新建一个组,命名为"亮屏"。选择文字工具里的"横排文字工具",在画布中写下文字"Swipe To Unlock",修改其大小及位置。设置如图4-77所示。

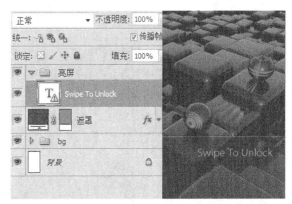

图4-77

▼ **步骤10**

选中文字图层,选择图层样式中的"内阴影"命令,混合模式设为"正片叠底",颜色的RGB值设置为255,246,202,不透明度的值设为24,距离设置为1,大小设为1,其参数设置如图4-78所示。

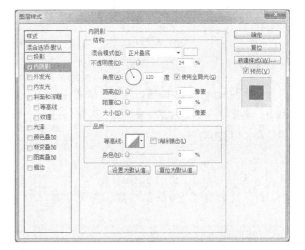

图4-78

## ▼ 步骤11

继续选择图层样式中的"描边"命令，大小设置为3，混合模式为"正常"，不透明度设为10%，颜色改为黑色。其参数设置如图4-79所示。

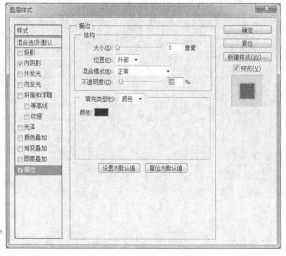

图4-79

## ▼ 步骤12

复制文字图层，并将其栅格化文字，清除其图层样式，重命名为图层"1"，选择工具箱里的减淡工具，选中图层"1"，将范围改为高光，曝光度改为100%，按住鼠标左键对文字左边一小段进行擦拭，将文字变亮，并将其混合模式改为"变亮"，如图4-80所示。

图4-80

## ▼ 步骤13

选中图层"1"，给图层"1"添加图层蒙版，将前景色改为黑色，选择工具箱中的渐变工具，单击"渐变编辑器"，弹出渐变编辑器界面，选择从前景色到透明渐变，不透明度改为100%，单击"确定"按钮，如图4-81所示。

图4-81

## ▼ 步骤14

关闭文字图层前面的小眼睛，将鼠标从文字右边往左拖曳，将文字没变亮的部分蒙起来，并平向进行一小段位移，如图4-82所示。

图4-82

### ▼ 步骤15

继续复制文字图层，并命名为图层"2"，根据图层"1"的制作，将其栅格化文字，并清除其图层样式，选择工具箱里的"减淡"工具，选中图层"2"，将范围改为"高光"，曝光度改为100%，按住鼠标左键对第二段文字进行擦拭，将文字变亮，并将其混合模式改为"变亮"，如图4-83所示。

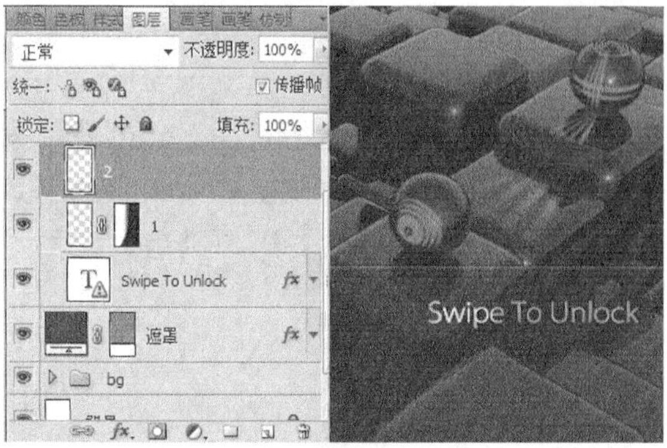

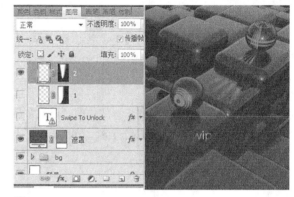

图4-83

### ▼ 步骤16

根据图层"1"的制作方法，给图层"2"添加图层蒙版，其参数设置跟图层"1"参数设置一致，选择"渐变"工具，关闭文字图层和图层"1"前面的小眼睛，将鼠标从文字右边向左拖曳，然后再从文字左边向右拖曳，将文字未变亮的部分蒙起来，同样平向位移一小段。效果如图4-84所示。

图4-84

### ▼ 步骤17

根据图层1、2的制作方法，参照步骤12~16，制作图层3~7，如图4-85所示。

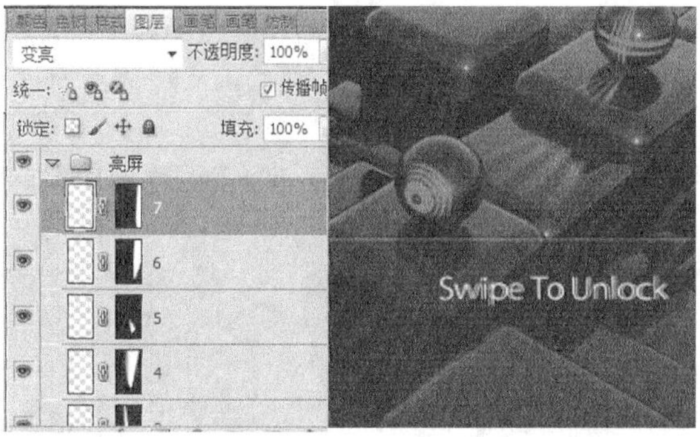

图4-85

### 3."箭头"组的绘制

### ▼ 步骤18

关闭"亮屏"组中所有图层前面的小眼睛，新建一个组，命名为"箭头"，选择矢量图形工具中的"自定形状工具"，选择上方属性栏中的自定义形状拾色器，找到如图所示的箭头，将前景色的颜色改为白色，在画布中画出一个箭头，并将其栅格化图层，改名为图层"1"。其大小和位置如图4-86所示。

图4-86

▼ 步骤19

选中图层"1",单击图层样式,选择"内阴影"命令,混合模式改为"正片叠底",颜色的RGB值分别设置为255,246,202,不透明度改为24%,距离设置为1,大小设置为1。其参数设置如图4-87所示。

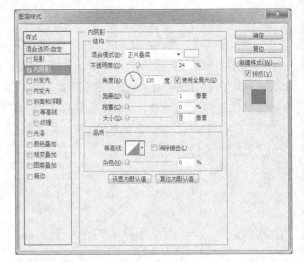

图4-87

▼ 步骤20

继续选中图层"1",选择图层样式中的"描边"命令,大小设置为3,不透明度改为10%,颜色为黑色。其参数设置如图4-88所示。

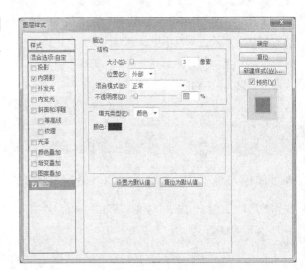

图4-88

▼ 步骤21

将图层"1"进行复制,并命名为图层"2",选择工具箱中的"选择工具",将图层"2"向右平移一段距离,如图4-89所示。

图4-89

▼ 步骤22

继续复制图层"1",制作图层"3~5",并适当调整其位置,如图4-90所示。

图4-90

## 4. 解锁的绘制

### ▼ 步骤23

关闭"箭头"组前面的小眼睛,在"箭头"组上面新建一个图层,命名为"圈",选择矢量图形工具中的"自定矢量图形",选择上方属性栏中的"自定义形状拾色器",找到窄边圆形边框,前景色为白色,在画布中画出一个圆框。其大小和位置如图4-91所示。

图4-91

### ▼ 步骤24

选中"圈"图层,选择图层样式中的"内阴影"命令,混合模式设置为"正片叠底",颜色的RGB分别设置为255,246,202,不透明度改为24%,距离设置为1,大小设置为1。其参数设置如图4-92所示。

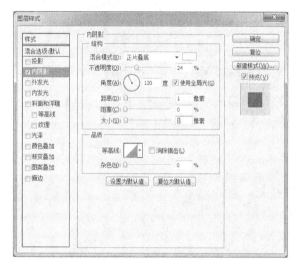

图4-92

### ▼ 步骤25

继续选择图层样式中的"外发光"命令,将混合模式设置为"正常",不透明度设为60%,颜色的RGB值分别设置为220,220,220,大小设置为5。其参数设置如图4-93所示。

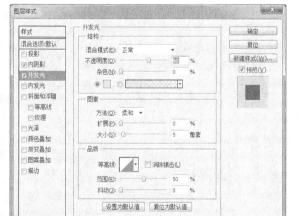

图4-93

### ▼ 步骤26

继续选择图层样式中的"描边"命令,将其大小设置为3,不透明度设为10%,颜色设置为黑色。其参数设置如图4-94所示。

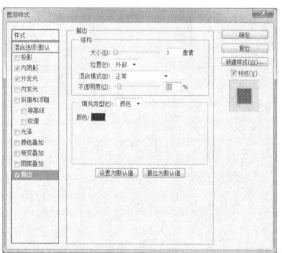

图4-94

## ▼ 步骤27

关闭"圈"图层的"描边"图层样式。选择"文件"
菜单中的"置入"命令，找到"素材"文件夹中的
"锁.png"，单击"置入"按钮，如图4-95所示。

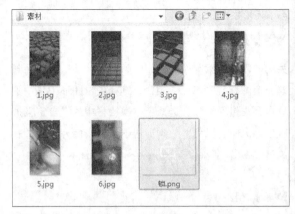

图4-95

## ▼ 步骤28

选择工具箱中的"移动选择工具"，提示是否置入，
单击"置入"按钮，如图4-96所示。

图4-96

## ▼ 步骤29

将图片移动到圆圈中间，调整其位置。选中"锁"图
层，选择图层样式中的"内阴影"命令，将其混合模
式设置为"正片叠底"，颜色的RGB值分别设置为
255，246，202，不透明度改为24%，距离设置为1，
大小设置为1。其参数设置如图4-97所示。

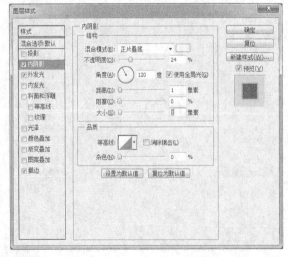

图4-97

## ▼ 步骤30

继续选择图层样式中的"外发光"命令，将其混合
模式改为"正常"，不透明度改为75%，颜色改为白
色，扩展设置为1，大小设置为5。其参数设置如图
4-98所示。

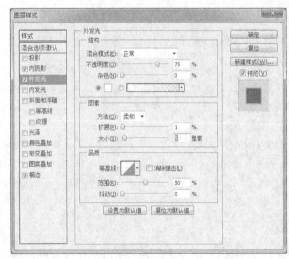

图4-98

▼ 步骤31

继续选择图层样式中的"描边"命令，大小设置为3，混合模式为"正常"，不透明度设置为5，颜色设为黑色。其参数设置及效果如图4-99所示。

图4-99

▼ 步骤32

复制图层"圈"，命名为"圈2"，打开图层"圈2"中图层样式"描边"命令前面的小眼睛，并将"外发光"命令中的大小改为7，其余参数设置保持不变。选中"圈2"图层，选择图层样式中的"颜色叠加"命令，混合模式设为"正常"，颜色的RGB值分别设置为214，214，214，不透明度设为82%，如图4-100所示。

图4-100

▼ 步骤33

设置完成后调整其位置。效果如图4-101所示。

图4-101

## 5. 时间的绘制

▼ 步骤34

关闭图层"圈2"的可见性前面的小眼睛，新建一个组，命名为"时间"，在"时间"组中再新建一个组，命名为"底座"，在该组中新建一个图层，命名为图层"1"，选择矩形选框工具，在画布中绘制一个矩形框，将前景色设置为红色，使用Alt+Delete组合键填充前景色，Ctrl+D组合键取消蚂蚁线，Ctrl+T调整其大小，选择工具箱中的"移动工具"调整其位置，如图4-102所示。

图4-102

▼ 步骤35

继续新建图层"2~3",参考图层"1"的制作方法,在画布中绘制另外两个底座,效果如图4-103所示。

图4-103

▼ 步骤36

在时间组中新建一个组,命名为"时间",在该组中新建一个图层,选择"横排文字工具",设置字体为"微软雅黑",大小设置为82,前景色设置为白色,在画布中写一个"2"字,单击选择移动工具,调整其位置,如图4-104所示。

图4-104

▼ 步骤37

选中文字图层,选择图层样式中的"内阴影"命令,设置混合模式为"正片叠底",颜色的RGB值设置为255,246,202,不透明度改为24%,距离设置为1,大小设置为1。其参数如图4-105所示。

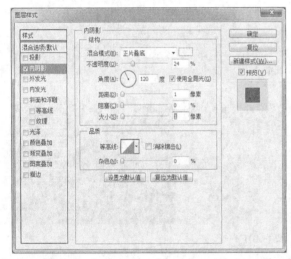

图4-105

▼ 步骤38

继续选择图层样式中的"描边"命令,将其大小设置为4,混合模式设为"正常",不透明度设置为30%,颜色设置为黑色,如图4-106所示。

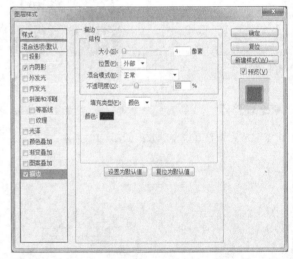

图4-106

▼ 步骤39

参考36~38步骤,继续绘制文字图层"1"、":"和"9",效果如图4-107所示。

图4-107

▼ 步骤40

在外层的"时间"组中新建一个组,命名为"日期",在该组中新建一个图层,选择"横排文字工具",设置字体为"微软雅黑",大小设置为32,前景色设置为白色,在画布中写一个"0"字,单击选择移动工具,调整其位置,如图4-108所示。

图4-108

## ▼ 步骤41

选中文字图层"0",选择图层样式中的"内阴影"命令,将混合模式设为"正片叠底",颜色的RGB值分别设置为255,246,202,不透明度设为24%,距离设置为1,大小设置为1,其参数设置如图4-109所示。

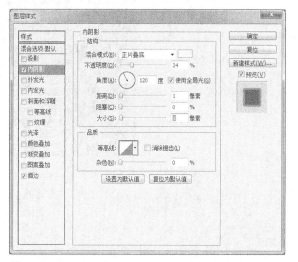

图4-109

## ▼ 步骤42

继续选择图层样式中的"描边"命令,将其大小设置为3,混合模式设为"正常",不透明度设置为30%,颜色设置为黑色,如图4-110所示。

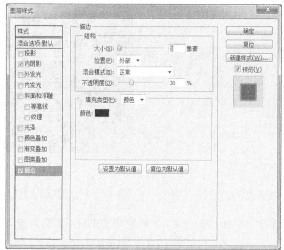

图4-110

## ▼ 步骤43

结合上述步骤,按照相同的方法,新建文字图层"4"、"."、"2"和"9"效果如图4-111所示。

图4-111

## ▼ 步骤44

在外层的"时间"组里新建一个组,命名为"中文星期",在该组中新建一个图层,选择"横排文字工具",设置字体为"微软雅黑",大小设置为30,前景色设置为白色,在画布中写一个"周"字,单击选择移动工具,调整其位置,如图4-112所示。

图4-112

## ▼ 步骤45

复制"日期"组里任意一个文字图层的图层样式,粘贴到文字图层"周"上。效果如图4-113所示。

图4-113

## ▼ 步骤46

复制文字图层"周",重命名为"一",选中工具箱的"移动选择工具",将其横向平移一段位置,选择"横排文字工具",将文字内容改为"一",其大小和图层样式保持不变。效果如图4-114所示。

图4-114

▼ **步骤47**

结合上述文字图层制作方法，分别绘制文字图层
"二"、"三"、"四"、"五"、"六"和
"日"，其大小和图层样式均不变，位置覆盖在原来
文字图层"一"的位置。效果如图4-115所示。

图4-115

▼ **步骤48**

在外层的"时间"组中新建一个组，命名为"英文星
期"，在该组中新建一个图层，选择"横排文字工
具"，设置字体为"微软雅黑"，大小设置为30，前
景色设置为白色，在画布
中写下文字"Mon"，置
于原中文"星期"文字的
位置，如图4-116所示。

图4-116

▼ **步骤49**

选中"Mon"图层，选择图层样式里的内阴影，设置
其混合模式为"正片叠底"，颜色的RGB值设为255，
246，202，不透明度设为24%，距离设为1，大小设为
1。其参数设置如图4-117所示。

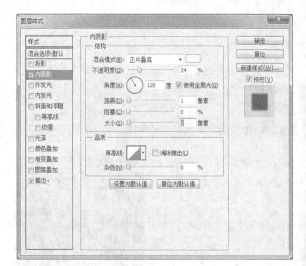

图4-117

▼ **步骤50**

继续选择图层样式中的描边，设置其大小为3，混合模
式为"正常"，不透明度设置为30%，颜色设置为黑
色。其参数设置如图4-118所示。

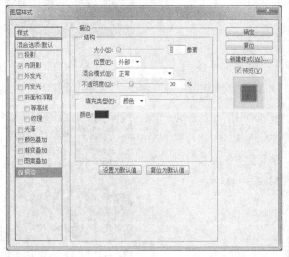

图4-118

▼ 步骤51

按照步骤48~50，新建文字图层"Tus~Sun"，各图层的位置、大小及其图层样式均保持不变。效果如图4-119所示。

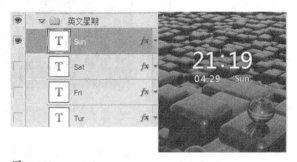

图4-119

▼ 步骤52

关闭"英文星期"组前面的小眼睛，打开"中文星期"组前面的小眼睛。整个"魔幻方块"的静态效果绘制完成，如图4-120所示。

图4-120

## 6. 锁屏界面的动画设计

▼ 步骤53

单击"窗口"菜单中的"动画"命令，选中窗口左下方的"选择循环选项"，选择"永远"，并将帧延迟时间设置为0.1s。单击左下方的复制所选帧，新建第2帧，打开"亮屏"组中图层"1"前面的小眼睛，调整其位置，并将图层"圈"的不透明度改为90%，效果如图4-121所示。

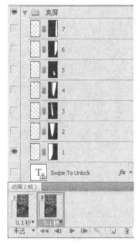

图4-121

▼ 步骤54

复制第3帧，继续选择复制所选帧，关闭"亮屏"组中图层"1"前面的小眼睛，打开图层"2"前面的小眼睛，调整其位置，并将图层"圈"的不透明度改为80%，如图4-122所示。

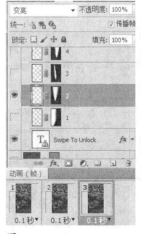

图4-122

▼步骤55

按照相同的方法，绘制出动画帧"4~8"，同时每制作出一帧，将图层"圈"的不透明度降低10%。效果如图4-123所示。

图4-123

▼步骤56

继续单击"复制所选帧"选项，新建第9帧，关闭"亮屏"组中图层"7"前面的小眼睛，并将图层"圈"的不透明度设置为20%，如图4-124所示。

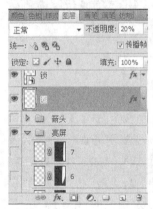

图4-124

▼步骤57

继续单击"复制所选帧"选项，新建第10帧，打开"亮屏"组中图层"1"前面的小眼睛，并将图层"圈"的不透明度改为30%。效果如图4-125所示。

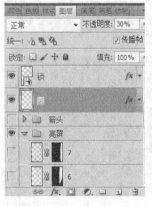

图4-125

▼步骤58

继续单击"复制所选帧"选项，新建第11帧，关闭"亮屏"组中图层"1"前面的小眼睛，打开图层"2"前的小眼睛，并将图层"圈"的不透明度改为40%。效果如图4-126所示。

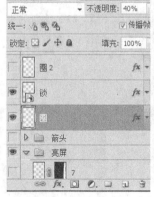

图4-126

**▼ 步骤59**

结合步骤57、58的绘制方法，制作动画帧"12~16"，每制作一帧动画，将图层"圈"的不透明度增加10%。效果如图4-127所示。

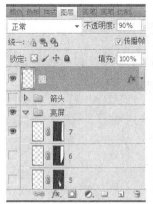

图4-127

**▼ 步骤60**

继续单击"复制所选帧"选项，新建第17帧，关闭"亮屏"组中图层"7"前面的小眼睛，并将图层"圈"的不透明度改为100%。效果如图4-128所示。

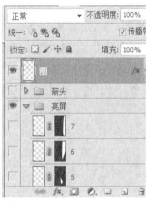

图4-128

**▼ 步骤61**

继续单击"复制所选帧"选项，新建第18帧动画，将文字图层Swipe To Unlock的不透明度改为80%。效果如图4-129所示。

**▼ 步骤62**

继续单击"复制所选帧"选项，新建第19帧动画，并将文字图层Swipe To Unlock的不透明度改为60%。效果如图4-130所示。

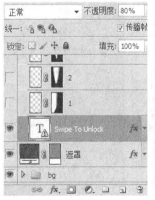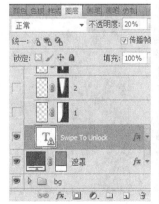

图4-129

图4-130

## ▼ 步骤63

结合61、62的操作步骤，绘制第20帧动画和第21帧动画，每绘制一帧动画，将文字图层Swipe To Unlock的不透明度降低20%。效果如图4-131所示。

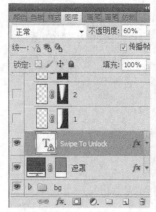

图4-131

## ▼ 步骤64

继续单击"复制所选帧"选项，新建第22帧动画，关闭文字图层Swipe To Unlock前面的小眼睛，打开"箭头"组前面的小眼睛，将"箭头"组中图层"2~5"的不透明度均改为20%，图层"1"的不透明度保持不变。效果如图4-132所示。

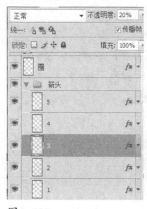

图4-132

## ▼ 步骤65

单击"复制所选帧"选项，新建第23帧动画，将"箭头"组中的图层"1"的不透明度改为60%，将图层"2"的不透明度改为80%，其余图层的不透明度保持不变。效果如图4-133所示。

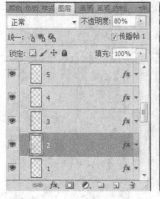

图4-133

## ▼ 步骤66

单击"复制所选帧"选项，新建第24帧动画，将"箭头"组中图层"1"的不透明度改为40%，图层"2"的不透明度改为60%，图层"3"的不透明度改为80%，其余图层的不透明度保持不变。效果如图4-134所示。

图4-134

▼ 步骤67

单击"复制所选帧"选项，新建第25帧动画，将"箭头"组中图层"4"的不透明度改为80%，图层"3"的不透明度改为60%，图层"2"的不透明度改为40%，图层"1"的不透明度改为20%，图层"5"的不透明度保持不变。效果如图4-135所示。

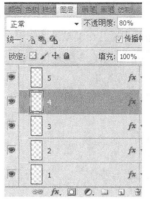

图4-135

▼ 步骤68

单击"复制所选帧"选项，新建第26帧动画，将"箭头"组中图层"5"的不透明度改为80%，图层"4"的不透明度改为60%，图层"3"的不透明度改为40%，图层"2"和图层"1"的不透明度改为20%。效果如图4-136所示。

图4-136

▼ 步骤69

单击"复制所选帧"选项，新建第27帧动画，将"箭头"组中图层"5"的不透明度改为60%，图层"4"的不透明度改为40%，其余图层的不透明度均改为20%。效果如图4-137所示。

▼ 步骤70

单击"复制所选帧"选项，新建第28帧动画，将"箭头"组中图层"5"的不透明度改为40%，其余图层的不透明度均改为20%。继续新建第29帧动画，将图层"5"的不透明度改为20%，其余图层保持不变。效果如图4-138所示。

图4-137

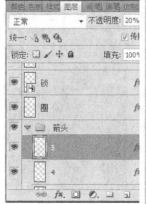

图4-138

#### ▼ 步骤71

结合步骤64~70的方法，重复上述几个帧动画的制作，新建动画帧"30~37"，制作流程和效果跟动画帧"22~29"一致。效果如图4-139所示。

图4-139

#### ▼ 步骤72

单击"复制所选帧"选项，新建第38帧动画，关闭"箭头"组前面的小眼睛。效果如图4-140所示。

图4-140

#### ▼ 步骤73

单击"复制所选帧"选项，新建第39帧动画，将图层"圈"和图层"锁"同时向右平移一小段位移。打开图层"圈2"前面的小眼睛，将其不透明度改为10%。效果如图4-141所示。

图4-141

#### ▼ 步骤74

单击"复制所选帧"选项，新建第40帧动画，将图层"圈"和图层"锁"再一次向右平移一小段位移，并将图层"圈2"的不透明度改为18%。效果如图4-142所示。

图4-142

## ▼ 步骤75

单击"复制所选帧"选项，新建第41帧动画，继续将图层"圈"和图层"锁"同时向右平移一小段位移，并将图层"圈2"的不透明度改为27%。效果如图4-143所示。

图4-143

## ▼ 步骤76

单击"复制所选帧"选项，新建第42帧动画，将图层"圈"和图层"锁"同时向右平移一小段位移，并将图层"圈2"的不透明度改为35%。效果如图4-144所示。

图4-144

## ▼ 步骤77

单击"复制所选帧"选项，新建第43帧动画，将图层"圈"和图层"锁"同时向右平移一小段位移，并将图层"圈2"的不透明度改为44%。效果如图4-145所示。

图4-145

## ▼ 步骤78

单击"复制所选帧"选项，新建第44帧动画，将图层"圈"和图层"锁"同时向右平移一小段位移，并将图层"圈2"的不透明度改为52%。效果如图4-146所示。

图4-146

▼ 步骤79

单击"复制所选帧"选项，新建第45帧动画，将图层"圈"和图层"锁"同时向右平移到"圈2"的位置并让其重合，并将图层"圈2"的不透明度改为60%。效果如图4-147所示。

▼ 步骤80

对所有图层和组进行整理，选中动画面板中的第1帧，单击"播放"按钮，播放锁屏界面的序列帧。至此，整个"魔幻方块"的锁屏界面绘制全部完成。效果如图4-148所示。

图4-147

图4-148

# 4.5　手机解锁界面制作——幸福有点萌

## 4.5.1　项目创设

　　随着手机行业的快速发展，手机UI界面越来越受人们的重视，不同的界面适合不同的人群。对于女性用户，设计者在设计时应追求可爱、温暖、幸福的视觉效果，并由此来表现主题，使人与手机界面更加和谐。本案例以"幸福有点萌"为题材，制作锁屏界面，完成效果如图4-149所示。

## 4.5.2　设计思路

　　案例主要使用Photoshop中的图层操作、图层样式的设置、钢笔工具、文字工具和动画效果的创建来设计一款个性化锁屏界面。采用三个背景图层的转场特效以及一系列小动画效果的综合设计实现解锁功能。

图4-149

## 4.5.3 设计步骤

### 1. 定义背景

▼ **步骤1**

打开Adobe Photoshop 软件，按快捷键Ctrl+N，新建文件，在弹出的对话框中设置文件"宽度"为480像素，"高度"为854像素，"分辨率"为72像素/英寸，"模式"为RGB颜色，"背景内容"为白色，名称为"幸福有点萌"，如图4-150所示。

图4-150

▼ **步骤2**

单击"文件"菜单中"打开"命令，打开配套"素材"文件夹，选中"幸福有点萌-01.jpg"图片，单击"打开"按钮，如图4-151所示。

图4-151

▼ **步骤3**

选中工具箱中的移动工具，将"幸福有点萌-01"窗口中的图片拖曳至"幸福有点萌"窗口中，如图4-152所示。

图4-152

▼ **步骤4**

关闭"幸福有点萌-01"窗口，调整图片位置，如图4-153所示。

图4-153

▼ **步骤5**

单击"图层"面板中的"添加图层样式"按钮，选择"投影"选项，如图4-154所示。

图4-154

### ▼ 步骤6

弹出"图层样式"对话框，设置对应的各项参数，混合模式为"正常"，颜色RGB值分别为255，122，129。不透明度为100%，角度为0，距离为9，扩展为0，大小为9，如图4-155所示。单击"描边"选项，设置对应的各项参数，大小为6像素，颜色RGB值分别为255，122，129，如图4-156所示。

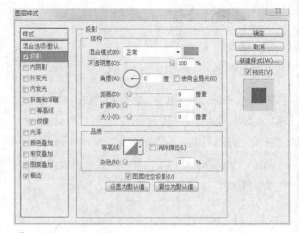

图4-155

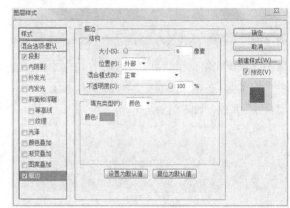

图4-156

### ▼ 步骤7

选中该图层，单击"添加图层蒙版"按钮，如图4-157所示。

图4-157

### ▼ 步骤8

依照步骤2~6，依次打开"素材"文件夹中的"幸福有点萌-02"和"幸福有点萌-03"，并设置与图层1相同的参数值，添加图层蒙版，如图4-158所示。

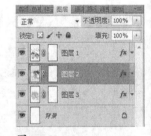

图4-158

### ▼ 步骤 9

新建图层，设置前景色为黑色，按快捷键Ctrl+Delete为新图层填充颜色，设置不透明度为80%，如图4-159所示。

图4-159

**▼步骤 10**

选中图层3，按快捷键Ctrl+J，复制当前图层，如图4-160所示。

**▼步骤 11**

按照步骤10，分别复制图层2、图层1，并调整图层顺序，如图4-161所示。

图4-160

图4-161

## 2. 心形、锁和翅膀的绘制

**▼步骤 12**

在"图层"面板中，选中"创建新组"按钮，右击组1，选择"组属性"，修改组名称为"锁"，如图4-162所示。

图4-162

**▼步骤 13**

在"锁"组下新建一个图层，命名为"心"。选中"心"图层，将前景色改为粉色，如图4-163所示。

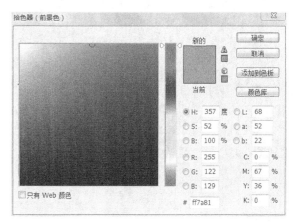

图4-163

**▼步骤 14**

在工具箱中选中"钢笔工具"，设计心形锁图案，选择"路径"面板，按住Ctrl键，单击路径缩览图，使心形成为选区，如图4-164所示。

图4-164

**▼步骤 15**

选择"图层"面板，选中"心"图层，按快捷键Ctrl+Delete，为心形填充颜色，并将心形移动到合适位置，右击"心"图层，选择"转换为智能对象"选项，如图4-165所示。

图4-165

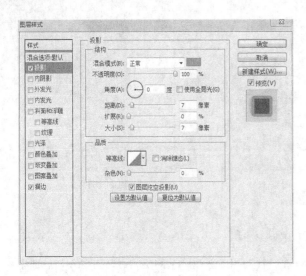

图4-166

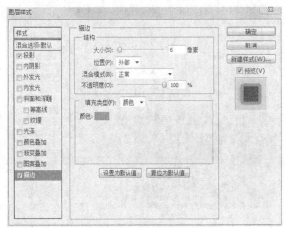

图4-166

为"心"图层添加"投影"图层样式，混合模式为"正常"，颜色RGB值分别为255，122，129。不透明度为100%，角度为0，距离为7像素，扩展为0%，大小为9像素。双击"描边"选项，将大小设为6像素，颜色RGB值分别为255，122，129，参数设置如图4-166所示。其效果如图4-167所示。

图4-167

▼ 步骤 17

选中"心"图层，按快捷键Ctrl+J复制图层，为图层添加"描边"图层样式，如图4-168所示。

图4-168

▼ 步骤 18

将"心"图层和"心副本"图层调整至合适位置，创建一个新图层，命名为"锁"。选择工具箱中的"钢笔工具"设计一个锁图案，并将图层转换为智能对象，如图4-169所示。

图4-169

## ▼ 步骤 19

创建一个新组，命名为"心"。新建一个图层"1"，按照步骤13~15，使用钢笔工具设计一个心形，并添加"描边"图层样式，并移到合适位置。参数设置如图4-170所示。

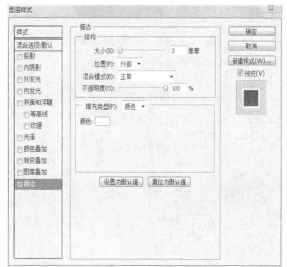

图4-170

## ▼ 步骤 20

选中"1"图层，按快捷键Ctrl+J复制图层，选中"1"图层副本，按快捷键Ctrl+T，调整心形大小和方向并移到合适位置，如图4-171所示。

图4-171

## ▼ 步骤 22

创建新组，名称为"心1"，新建一个图层，设计一个心形，把心形放置在锁上面，并将图层转换为智能对象，如图4-173所示。

图4-173

## ▼ 步骤 21

依次复制出"1副本2"和"1副本3"，调整心形大小和方向并移到合适位置，最终效果如图4-172所示。

图4-172

## ▼ 步骤 23

选中"1"图层，按快捷键Ctrl+J复制当前图层，再按快捷键Ctrl+T调整心形图像大小，并放置在"1"心形图形的上面，如图4-174所示。

图4-174

▼ 步骤 24

重复上一步骤，再复制出一个心形图案，调整大小并放置在合适位置，如图4-175所示。

图4-175

▼ 步骤 25

单击组"心1"前面的小眼睛，使组"心1"中的图层不可见，如图4-176所示。创建新组，命名为"转"，新建一个图层，名称为"2"，使用钢笔工具设计一个心形图形，并将图层转换为智能对象，如图4-177所示。

图4-176          图4-177

▼ 步骤 26

选中图层"2"，复制该图层，并关闭图层"2"前面的小眼睛，使该图层不可见，用快捷键Ctrl+T对"2副本"中的图形进行形状调整，效果如图4-178所示。

图4-178

▼ 步骤 27

重复上一步骤，复制出图层"2副本2"，并关闭图层"2副本"前面的小眼睛，使该图层不可见，调整图形形状，效果如图4-179所示。

图4-179

▼ 步骤 28

重复上一步骤，复制出图层"2副本3"，并使图层"2副本2"不可见，调整图形形状，效果如图4-180所示。按照前面步骤，复制出图层"2副本4"，效果如图4-181所示。

图4-180          图4-181

▼ 步骤 29

创建新组，命名为"翅膀"，并新建一个图层，名称为"翅膀右"。使用钢笔工具设计一个翅膀形状，颜色为白色，并添加"描边"图层样式，大小为6像素，颜色RGB值分别为255，122，129。将图层转换为智能对象，效果如图4-182所示。

图4-182

▼ 步骤 30

选中"翅膀右"图层并复制该图层，使用快捷键Ctrl+T，对该图层图形方向进行调整，如图4-183所示。

图4-183

▼ 步骤 31

重复上一步骤，再复制两个图层，最终效果如图4-184所示。

图4-184

▼ 步骤 32

选中图层"翅膀右"，按快捷键Ctrl+J复制图层，将复制出的图层属性名称改为"翅膀左"。选中该图层，选择菜单栏中"编辑"菜单中的"变换"选项，选择"水平翻转"，按住shift键，将图层"翅膀左"中的图形水平拖至锁的左边（在画布中不可见），如图4-185所示。

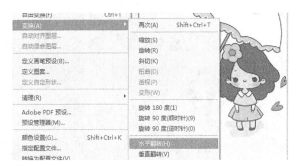

图4-185

▼ 步骤 33

重复步骤32，分别选中图层"翅膀右副本"、"翅膀右 副本2"、"翅膀右 副本3"，复制并变换图形（画布中看不见）。按住shift键的同时选中组"锁"和组"翅膀"，将这两组图层中的图形移出来，最终效果如图4-186所示。

图4-186

▼ 步骤 34

按照上一步骤同样的方式，将组"锁"和组"翅膀"选中，移动到原来位置。

### 3. 文字效果的绘制

▼ 步骤 35

创建新组，命名为"时间"，使用工具箱中"文本工具"，在画布中输入"2"，双击文字图层"2"，打开"图层样式"窗口，双击"描边"样式，大小设置为"9"像素，混合模式为"正常"，不透明度为"100"，填充颜色的RGB值分别为250，175，178，如图4-187所示。

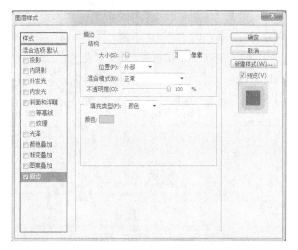

图4-187

选中文字图层"2",复制该图层,选中"2 副本"文字图层,添加"描边"图层样式,大小设置为4,混合模式为"正常",不透明度设置为100,颜色的RGB值分别为255,255,255,如图4-188所示。

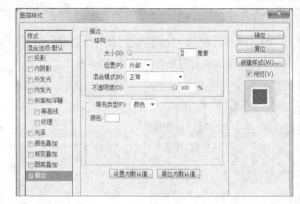

图4-188

---

### ▼ 步骤 36

按照步骤35,分别绘制出文字图层"3"、":"、"4"和"5"以及它们的副本图层,最终效果如图4-189所示。并使用快捷键Ctrl+J复制出组"时间 副本"和组"时间 副本2"。

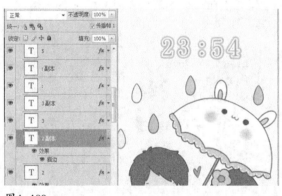

图4-189

### ▼ 步骤 37

在组"时间"中创建一新组命名为"日期",使用文本工具,绘制出如图4-190所示的文字。

图4-190

---

### ▼ 步骤 38

创建新组,命名为"闪",新建一个图层命名为"闪1",单击工具箱中的识色器,将前景色的RGB值分别设置为255,122,129,使用钢笔工具绘制一个心形,并将该图层转换为智能对象,其效果如图4-191所示。

图4-191

### ▼ 步骤 39

选中图层"闪1",按快捷键Ctrl+J复制当前图层,使用快捷键Ctrl+T对图层"闪1 副本"中的图形进行大小调整,如图4-192所示。

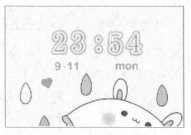

图4-192

▼ **步骤 40**

按照相同的方法，分别复制出"闪1 副本2"和"闪1 副本3"，并使用快捷键Ctrl+T对其进行大小调整，效果分别如图4-193和图4-194所示。

图4-193

图4-194

## 4. 锁屏界面的动画设计

▼ **步骤 41**

单击"窗口"菜单中的"动画"命令，选中窗口左下方的"选择循环选项"，选择"永远"，并将帧延迟时间设置为0.5s。单击左下方的"复制所选帧"，新建第2帧，作为"翅膀"上下摆动的第1帧。关闭"翅膀"组中"翅膀左"、"翅膀右"前面的小眼睛，打开"翅膀左副本"、"翅膀右副本"前面的小眼睛，并将帧延迟时间设置为0.1s，其效果如图4-195所示。

图4-195

▼ **步骤 42**

按照类似的方法，新建第"3~12"帧，绘制出"翅膀"上下摆动的动画帧，如图4-196所示。

图4-196

▼ **步骤 43**

单击"复制所选帧"选项，新建第13帧，打开"翅膀"组中"翅膀左"、"翅膀右"前面的小眼睛，制作翅膀第2轮上下摆动的动画。 同时打开"心1"组中图层"1"前面的小眼睛，作为绘制"心"由小变大的动画特效的第1帧，如图4-197所示。

图4-197

▼ 步骤 44

按照类似的方法，新建第"14~24"帧，制作"翅膀"
上下摆动，"心"由小变大的动画效果，如图4-198
所示。

图4-198

▼ 步骤 45

单击"复制所选帧"选项，新建第25帧，作为第1、第
2两个背景之间转场的第1帧，选择"图层1副本"，编
辑矢量蒙版，效果如图4-199所示。

图4-199

▼ 步骤 46

按照类似的方法，新建第"26~30"帧，制作第1、第
2两个背景之间的转场特效，效果如图4-200所示。

图4-200

▼ 步骤 47

单击"复制所选帧"选项，新建第31帧，打开"闪"组中
"闪1"图层前面的小眼睛，作为"心"由小变大的第1帧，
并将帧延迟时间设置为0.5s，如图4-201所示。

图4-201

▼ **步骤 48**

按照步骤47,新建第"32~33"帧,依次打开"闪"组中"闪1副本"、"闪1副本2"、"闪1副本3"图层前面的小眼睛,绘制"心"由小变大的动画帧,如图4-202所示。

图4-202

▼ **步骤 49**

单击"复制所选帧"选项,新建第34帧和第35帧,打开"锁"组和"翅膀"组前面的小眼睛,作为"翅膀"在第2个背景中上下摆动的动画效果,并将帧延迟时间设置为0.1s,如图4-203所示。

图4-203

▼ **步骤 50**

单击"复制所选帧"选项,新建第36帧,打开"心"组图层"1"的小眼睛,制作"带白色描边心形"动画效果设置的第1帧,并将帧延迟时间设置为0.2s,如图4-204所示。

图4-204

▼ **步骤 52**

按照上述步骤,新建第"44~62"帧,完成第2个背景到第3个背景的转场特效。选中动画面板中的第1帧,单击"播放"按钮,播放锁屏界面的序列帧。至此,整个"幸福有点萌"的锁屏界面绘制全部完成。效果如图4-206所示。

▼ **步骤 51**

按照步骤50,新建第"37~43"帧,依次打开"心"组图层"1副本"、"1副本2"、"1副本3"前面的小眼睛,制作"带白色描边心形"的动画效果,如图4-205所示。

图4-205

图4-206

# 4.6 手机解锁界面制作——甜蜜恋人

## 4.6.1 项目创设

随着手机智能开发和普及，越来越多富有创意的UI界面映入人们的眼帘，"甜蜜恋人"手机解锁界面通过一对恋人奔跑最后相拥在一起而实现解锁功能，表现出情侣温馨和甜蜜的气息，此款手机解锁界面体现了女性天生浪漫和甜蜜的感觉，适合女性用户。完成效果如图4-207所示。

## 4.6.2 设计思路

"甜蜜恋人"解锁界面使用Photoshop中的图层操作，图层样式的混合使用，钢笔工具、文字工具和动画效果的创建来设计完成。采用幸福恋人奔跑到最后相拥一系列小动画效果的综合设计来完成解锁功能。

图4-207

## 4.6.3 设计步骤

### 1. 定义背景

#### ▼ 步骤1

打开Photoshop软件，单击"文件"菜单中的"新建"命令，新建一个名称为"甜蜜恋人"，宽度为480像素，高度为800像素，分辨率为72像素的画布，如图4-208所示。

图4-208

**▼ 步骤2**

单击"文件"菜单中"打开"命令,打开配套"素材"文件夹,选择"背景.jpg"图片,单击"打开"按钮,如图4-209所示。

图4-209

**▼ 步骤 3**

选择工具箱中的"移动工具",将"背景"窗口中的图片拖曳至"甜蜜恋人"窗口中,如图4-210所示。

图4-210

**▼ 步骤 4**

关闭"背景"窗口,调整"甜蜜恋人"窗口中的图片位置,如图4-211所示。

图4-211

**▼ 步骤 5**

单击"图层"面板中的"创建新组"按钮,创建一个新组,如图4-212所示。

图4-212

**▼ 步骤 6**

右击"组1",选择组属性,将其命名为"花",如图4-213所示。

图4-213

▼ 步骤 7

再次单击"创建新组"按钮，新建一个名为"空心花"的组，将"空心花"组拖曳至"花"组中，如图4-214所示。

图4-214

▼ 步骤 8

选中"空心花"组，单击"文件"菜单中的"打开"命令，打开配套"素材"文件夹，选择"空心花_01"，单击"打开"命令，如图4-215所示。

图4-215

▼ 步骤 9

选择工具箱中的"移动工具"，将"空心花_01"窗口中的图片拖曳至"甜蜜恋人"窗口中，如图4-216所示。（下图中灰色的那朵花就是素材"空心花_01"图片）

图4-216

▼ 步骤 10

关闭"空心花_01"素材窗口，选中"甜蜜恋人"主窗口，使用工具箱中的"移动工具"调整图片至左侧，并改其图层属性名称为"空心花1"，如图4-217所示。

图4-217

▼ 步骤 11

按照步骤8～10，依次打开"素材"文件夹中的"空心花_02"、"空心花_03"、"空心花_04"，并拖曳至"甜蜜恋人"窗口中，调整图片的位置，并依次改其图层属性名称，如图4-218所示。

图4-218

### ▼ 步骤 12

选中"空心花2"图层，使用快捷键Ctrl+J复制该图层，并调整位置，如图4-219所示。

图4-219

### ▼ 步骤 13

分别选中"空心花3"和"空心花4"，使用快捷键Ctrl+J复制图层，并调整其位置，如图4-220所示。

图4-220

## 2. 花朵的绘制

### ▼ 步骤 14

选中组"空心花"，单击图层面板的"新建组"按钮，新建一个名为"彩色花"的组，如图4-221所示。

图4-221

### ▼ 步骤 15

选中组"彩色花"，新建一个图层，名称为"彩色花1"，如图4-222所示。

图4-222

### ▼ 步骤 16

长按工具箱中的"矩形选框工具"，选择"椭圆选框工具"，如图4-223所示。

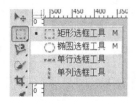

图4-223

### ▼ 步骤 17

按住shift键，绘制出一个与空心花圆大小的圆形选框，如图4-224所示。

图4-224

## ▼ 步骤 18

将前景色的值RGB分别设置为54、169、225，如图4-225所示。

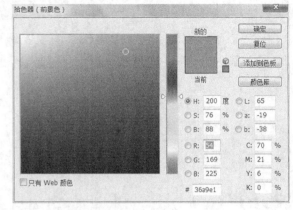

图4-225

## ▼ 步骤 19

按住Ctrl+Delete快捷键，为圆形选框填充前景色，并将圆形移动至空心花1的位置，如图4-226所示。

图4-226

## ▼ 步骤 20

按住快捷键Ctrl+D，消除蚂蚁线，选择图层"彩色花1"，将其图层混合模式改为"正片叠底"，如图4-227所示。

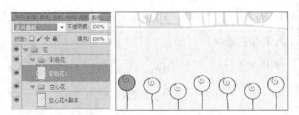

图4-227

## ▼ 步骤 21

新建一个图层，名为"彩色花2"，单击"椭圆选框工具"，按住shift键，绘制出一个圆形选框，将前景色值RGB分别设置为149，193，31，如图4-228所示。

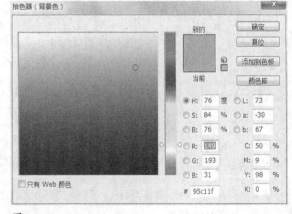

图4-228

## ▼ 步骤 22

按住Ctrl+Delete快捷键，为圆形选框填充前景色，并将圆形移动至空心花2的位置，如图4-229所示。

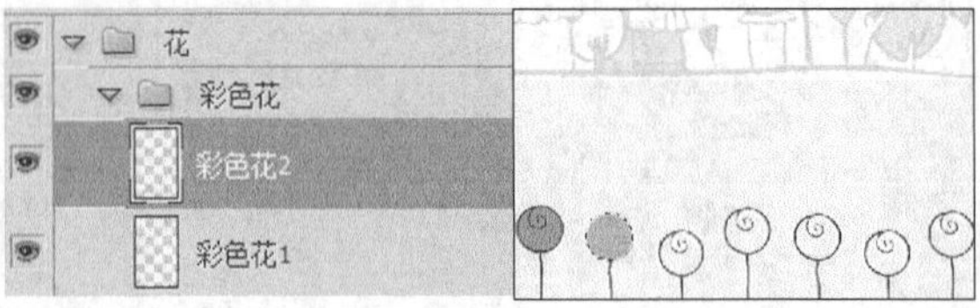

图4-229

## ▼ 步骤 23

按住快捷键Ctrl+D，消除蚂蚁线，选择图层"彩色花2"，将其图层混合模式改为"正片叠底"，参数设置如图4-230所示。

图4-230

## ▼ 步骤 24

新建一个图层，名为"彩色花3"，单击"椭圆选框工具"，按住shift键，绘制出一个圆形选框，将前景色值RGB分别改为243，146，0，参数设置如图4-231所示。

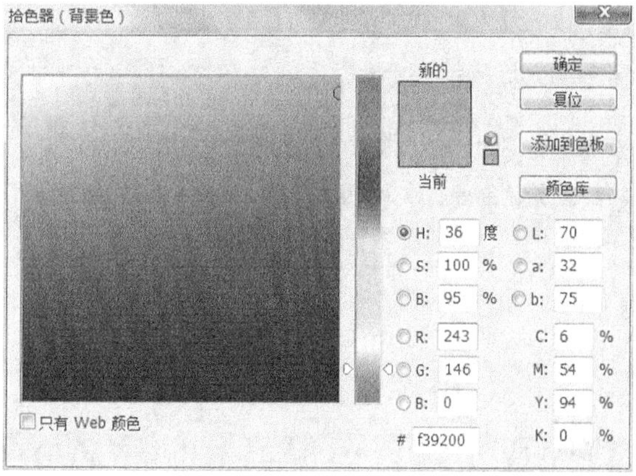

图4-231

## ▼ 步骤 25

按住Ctrl+Delete快捷键，为圆形选框填充前景色，并将圆形移动至空心花3的位置，如图4-232所示。

图4-232

## ▼ 步骤 26

按住快捷键Ctrl+D，消除蚂蚁线，选择图层"彩色花3"，将其图层混合模式改为"正片叠底"，如图4-233所示。

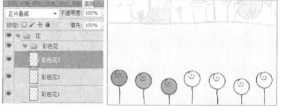

图4-233

## ▼ 步骤 27

新建一个图层，名为"彩色花4"，单击"椭圆选框工具"，按住shift键，绘制出一个圆形选框，将前景色值RGB分别改为245，54，108。参数设置如图4-234所示。

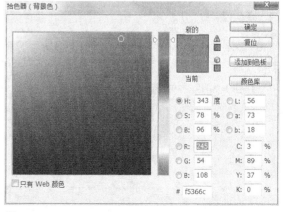

图4-234

### ▼ 步骤 28

按住Ctrl+Delete快捷键，为圆形选框填充前景色，并将圆形移动至空心花4的位置，如图4-235所示。

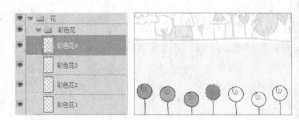

图4-235

### ▼ 步骤 29

按住快捷键Ctrl+D，消除蚂蚁线，选择图层"彩色花4"，将其图层混合模式改为"正片叠底"，如图4-236所示。

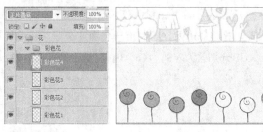

图4-236

### ▼ 步骤 30

依次复制"彩色花2"、"彩色花3"、"彩色花1"，并调整其相应的位置，如图4-237所示。

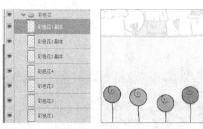

图4-237

## 3. 角色奔跑和心形绘制

### ▼ 步骤 31

单击图层面板下面的新建"组"按钮，新建一个组，命名为"男孩奔跑"，如图4-238所示。

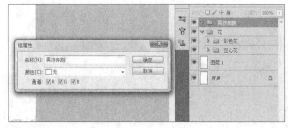

图4-238

### ▼ 步骤 32

单击"文件"菜单中的"打开"命令，打开配套"素材"文件夹，选择"男孩奔跑_01"图片，单击"打开"按钮，如图4-239所示。

图4-239

▼ **步骤 33**

选择工具箱中的"移动工具",将"男孩奔跑_01"窗口中的图片拖曳至"甜蜜恋人"窗口中,如图4-240所示。

图4-240

▼ **步骤 35**

将该图层属性名称改为"男孩奔跑1",如图4-242所示。

▼ **步骤 36**

单击"文件"菜单中的"打开"命令,打开配套"素材"文件夹,选择"男孩奔跑_02",单击"打开"按钮,如图4-243所示。

▼ **步骤 34**

关闭"男孩奔跑_01"窗口,调整图片在"甜蜜恋人"窗口中的位置,如图4-241所示。

图4-241

图4-242

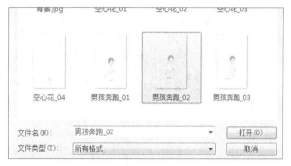

图4-243

▼ **步骤 37**

关闭图层"男孩奔跑1"前面的小眼睛,使该图层不可见。选择工具箱中的"选择工具",将"男孩奔跑_02"窗口中的图片拖曳至"甜蜜恋人"窗口中,如图4-244所示。

图4-244

▼ 步骤 38

关闭"男孩奔跑_02"窗口，调整图片在"甜蜜恋人"窗口中的位置，如图4-245所示。

图4-245

▼ 步骤 39

将该图层属性名称改为"男孩奔跑2"，如图4-246所示。

图4-246

▼ 步骤 41

按照步骤37～39，将"男孩奔跑_03"拖曳至"甜蜜恋人"窗口中，并调整位置，改图层属性名称为"男孩奔跑3"，如图4-248所示。

▼ 步骤 42

关闭图层"男孩奔跑3"前面的眼睛，选中并打开图层"男孩奔跑1"前面的眼睛，按快捷键Ctrl+J，对图层"男孩奔跑1"进行复制，按住shift键对"男孩奔跑1副本"图片位置进行平移，如图4-249所示。

▼ 步骤 40

单击"文件"菜单中的"打开"命令，打开配套"素材"文件夹，选择"男孩奔跑_03"，单击"打开"命令，如图4-247所示。

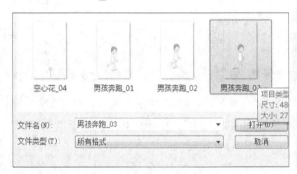

图4-247

图4-248

图4-249

**▼ 步骤 43**

关闭图层"男孩奔跑1"、"男孩奔跑1 副本"前面的眼睛，选中并打开图层"男孩奔跑3"前面的眼睛，按快捷键Ctrl+J，对图层"男孩奔跑3"进行复制，按住shift键对"男孩奔跑3 副本"图片位置进行平移，如图4-250所示。

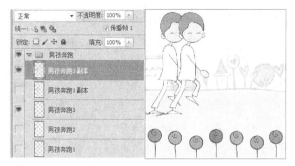

图4-250

**▼ 步骤 44**

关闭图层"男孩奔跑3"、"男孩奔跑3 副本"前面的眼睛，选中并打开图层"男孩奔跑2"前面的眼睛，按快捷键Ctrl+J，对图层"男孩奔跑2"进行复制，按住shift键对"男孩奔跑2 副本"图片位置进行平移，如图4-251所示。

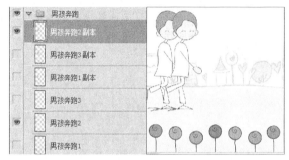

图4-251

**▼ 步骤 45**

关闭图层"男孩奔跑2"、"男孩奔跑2 副本"前面的眼睛，选中并打开图层"男孩奔跑1 副本"前面的眼睛，按快捷键Ctrl+J，对图层"男孩奔跑1 副本"进行复制，按住shift键对"男孩奔跑1 副本2"图片位置进行平移，如图4-252所示。

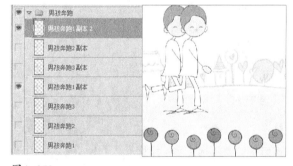

图4-252

**▼ 步骤 46**

关闭图层"男孩奔跑1 副本"、"男孩奔跑1 副本2"前面的眼睛，选中并打开图层"男孩奔跑2 副本"前面的眼睛，按快捷键Ctrl+J，对图层"男孩奔跑2 副本"进行复制，按住shift键对"男孩奔跑2 副本2"图片位置进行平移，如图4-253所示。

图4-253

▼ 步骤 47

关闭图层"男孩奔跑2 副本"、"男孩奔跑2 副本2"前面的眼睛，选中并打开图层"男孩奔跑1 副本2"前面的眼睛，按快捷键Ctrl+J，对图层"男孩奔跑1 副本2"进行复制，按住Shift键对"男孩奔跑1 副本3"图片位置进行平移，如图4-254所示。

图4-254

▼ 步骤 48

关闭 "男孩奔跑1 副本2"前面的小眼睛。选中组"男孩奔跑"，新建一个组，命名为"女孩奔跑"，如图4-255所示。

图4-255

▼ 步骤 49

单击"文件"菜单中的"打开"命令，打开配套"素材"文件夹，选择"女孩奔跑_01"图片，单击"打开"按钮，如图4-256所示。

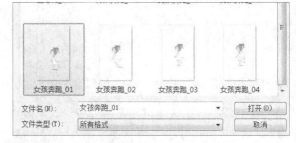

图4-256

▼ 步骤 50

选择工具箱中的"移动工具"，将"女孩奔跑_01"窗口中的图片拖曳至"甜蜜恋人"窗口中，关闭窗口"女孩奔跑_01"，改图层属性名称为"女孩奔跑1"，并调整位置，如图4-257所示。

图4-257

▼ 步骤 51

单击"文件"菜单中的"打开"命令，打开配套"素材"文件夹，选择"女孩奔跑_02"，单击"打开"按钮，如图4-258所示。

图4-258

## ▼ 步骤 52

选择工具箱中的"移动工具",将"女孩奔跑_02"窗口中的图片拖曳至"甜蜜恋人"窗口中,关闭窗口"女孩奔跑_02",改图层属性名称为"女孩奔跑2",关闭图层"女孩奔跑1"的眼睛,并调整位置,如图4-259所示。

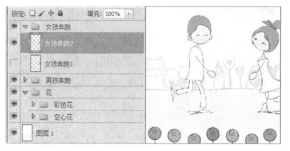

图4-259

## ▼ 步骤 53

单击"文件"菜单中的"打开"命令,打开配套"素材"文件夹,选择"女孩奔跑_03"图片,单击"打开"命令,如图4-260所示。

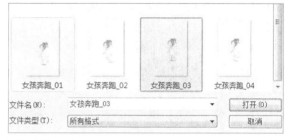

图4-260

## ▼ 步骤 54

选择工具箱中的"移动工具",将"女孩奔跑_03"窗口中的图片拖曳至"甜蜜恋人"窗口中,关闭窗口"女孩奔跑_03",改图层属性名称为"女孩奔跑3",关闭图层"女孩奔跑2"的眼睛,并调整位置,如图4-261所示。

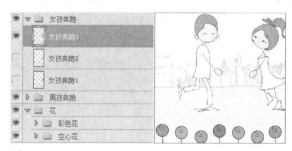

图4-261

## ▼ 步骤 55

单击"文件"菜单中的"打开"工具,打开配套"素材"文件,选择"女孩奔跑_04",单击"打开"命令,如图4-262所示。

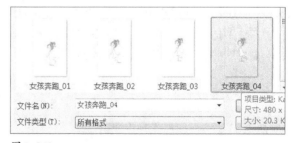

图4-262

## ▼ 步骤 56

选择工具箱中的"移动工具",将"女孩奔跑_04"窗口中的图片拖曳至"甜蜜恋人"中,关闭窗口"女孩奔跑_04",改图层属性名称为"女孩奔跑4",关闭图层"女孩奔跑3"前面的眼睛,并调整位置,如图4-263所示。

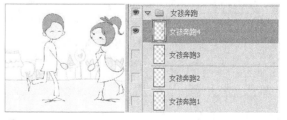

图4-263

▼ **步骤 57**

关闭"女孩奔跑4"前面的眼睛，打开"女孩奔跑1"前面的眼睛，用快捷键Ctrl+J对图层"女孩奔跑1"进行复制，按住shift键平移调整"女孩奔跑1 副本"的位置，如图4-264所示。

图4-264

▼ **步骤 58**

关闭图层"女孩奔跑1"和"女孩奔跑1 副本"前面的眼睛，打开图层"女孩奔跑2"前面的眼睛，选中该图层，用快捷键Ctrl+J进行复制，按住shift键对"女孩奔跑2 副本"进行平移调整位置，如图4-265所示。

图4-265

▼ **步骤 59**

关闭图层"女孩奔跑2"和"女孩奔跑2 副本"前面的眼睛，打开图层"女孩奔跑3"前面的眼睛，选中该图层，用快捷键Ctrl+J进行复制，按住shift键对"女孩奔跑3 副本"进行平移调整位置，如图4-266所示。

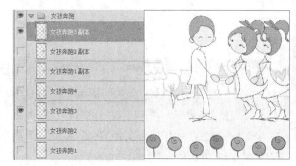

图4-266

▼ **步骤 60**

关闭图层"女孩奔跑3"和"女孩奔跑3 副本"前面的眼睛，打开图层"女孩奔跑4"前面的眼睛，选中该图层，用快捷键Ctrl+J进行复制，按住shift键对"女孩奔跑4 副本"进行平移调整位置，如图4-267所示。

图4-267

▼ **步骤 61**

关闭图层"女孩奔跑4"和"女孩奔跑4 副本"前面的眼睛，打开图层"女孩奔跑2 副本"前面的眼睛，选中该图层，用快捷键Ctrl+J进行复制，按住shift键对"女孩奔跑2 副本2"进行平移调整位置，如图4-268所示。

图4-268

## ▼ 步骤62

关闭"女孩奔跑2 副本"前面的小眼睛。新建一个组，组的属性名称为"爱心"，如图4-269所示。

图4-269

## ▼ 步骤64

选择工具箱中的"钢笔工具"，绘制一个"心形"形状图层，如图4-271所示。

## ▼ 步骤65

选择"心形形状1"图层，单击图层面板中的"图层样式"按钮，为该图层添加"描边"图层样式，大小为1像素，位置为"外部"，混合模式为"正常"，颜色RGB值分别为0、0、0。参数设置如图4-272所示。

## ▼ 步骤66

使用快捷键Ctrl+J对"心形形状1"图层进行复制，按住快捷键Ctrl+T对"心形形状1图层 副本"调整位置，如图4-273所示。

## ▼ 步骤63

选中组"爱心"。将前景色RGB的值分别设为255、51、84，如图4-270所示。

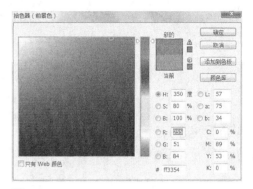

图4-270

图4-271

图4-272

图4-273

▼步骤67

使用快捷键Ctrl+J对"心形形状图层"进行复制，按住快捷键Ctrl+T对"心形形状图层 副本2"调整位置，如图4-274所示。

图4-274

## 4. 快捷功能按钮绘制

▼步骤68

单击图层面板下面的"新建组"按钮，新建一个组，组属性名称为"快捷方式"，如图4-275所示。

图4-275

▼步骤69

单击工具箱中的识色器，将前景色RGB值分别设置为152、209、70，如图4-276所示。

图4-276

▼步骤70

选择工具箱中的"钢笔工具"，绘制一个"电话图标"形状，如图4-277所示。

图4-277

▼步骤 71

单击图层面板中的"图层样式"按钮,选择"描边"命令,大小设置为1像素,位置设置为"外部",混合模式设置为"正常",颜色RGB值分别设置为0、0、0,如图4-278所示。

图4-278

▼步骤 72

单击工具箱中的识色器,将前景色RGB的值分别设置为255,207,74,如图4-279所示。

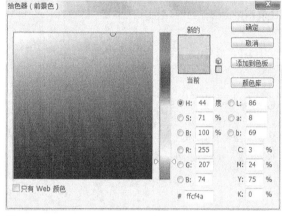

图4-279

▼步骤 73

再次选择工具箱中的"钢笔工具",绘制一个"信息图标"形状,如图4-280所示。

图4-280

▼步骤 74

单击图层面板中的"图层样式"按钮,选择"描边"命令,大小设置为1像素,位置设置为"外部",混合模式设置为"正常",颜色RGB值分别设置为0、0、0,如图4-281所示。

图4-281

▼ **步骤 75**

新建一个图层，长按工具箱中的"矩形工具"，选择"直线工具"，并选中属性栏中的"填充像素"模式，如图4-282所示。

图4-282

▼ **步骤 76**

单击工具箱中的识色器，将前景色RGB值分别设置为0，0，0，直线粗细值设置为1像素，为信息图标形状绘制两条直线，如图4-283所示。

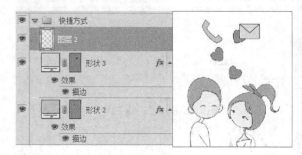

图4-283

▼ **步骤 77**

单击工具箱中的识色器，将前景色RGB值分别设置为75，178，226，如图4-284所示。

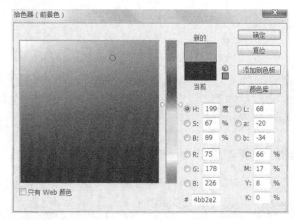

图4-284

▼ **步骤 78**

选择工具箱中的"椭圆工具"，并选中属性栏中的"形状图层"模式，按住shift键绘制一个圆形形状，如图4-285所示。

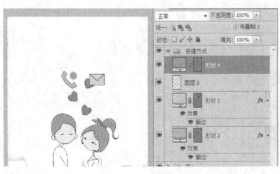

图4-285

▼ **步骤 79**

单击图层面板中的"图层样式"按钮，选择"描边"命令，大小设置为1像素，位置设置为"外部"，混合模式设置为"正常"，颜色RGB值分别设置为0、0、0，如图4-286所示。

图4-286

**▼ 步骤80**

按Ctrl+J组合键复制圆形图层"形状4"，使用工具箱中的"移动工具"将图层"形状4 副本"中的图形向右移动，如图4-287所示。

图4-287

**▼ 步骤81**

单击工具箱中的"文本工具"，分别在圆形形状中添加数字，如图4-288所示。

图4-288

## 5. 文字效果的绘制

**▼ 步骤82**

单击图层面板中的"新建组"命令，新建一个组，组的属性名称设置为"时间"，如图4-289所示。

图4-289

**▼ 步骤83**

单击工具箱中的拾色器，将前景色RGB值分别设置为137，103，64。参数设置如图4-290所示。

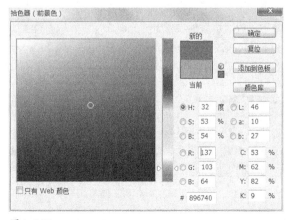

图4-290

**▼ 步骤 84**

单击工具箱中的"文本工具"，字体系列设置为"中华行楷"，字体大小为90，消除锯齿的方法为"平滑"，在界面中输入"08:34"，如图4-291所示。

图4-291

**▼ 步骤 85**

继续选择工具箱中的"文字工具"，字体系列设置为"方正舒体"，字体大小改为36，消除锯齿的方法为"平滑"，输入图中所示文字，效果如图4-292所示。

图4-292

## 6. 蝴蝶的绘制

**▼ 步骤 86**

单击图层面板中的新建组按钮，新建一个组，组属性命名为"蝴蝶"。单击"文件"菜单中的"打开"命令，打开配套"素材"文件夹，选择"蓝蝴蝶"，单击"打开"按钮，如图4-293所示。

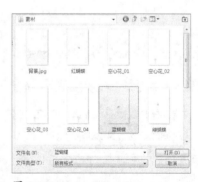

图4-293

**▼ 步骤 87**

选择工具箱中的"移动工具"，将"蓝蝴蝶"窗口中的图片拖曳至"甜蜜恋人"窗口中，关闭窗口"蓝蝴蝶"，改图层属性名称为"蓝蝴蝶"，并调整位置，如图4-294所示。

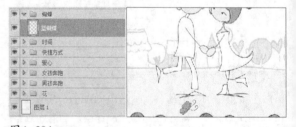

图4-294

**▼ 步骤 88**

按住键盘的Ctrl+J对图层"蓝蝴蝶"进行复制，关闭图层"蓝蝴蝶"的眼睛，使用快捷键Ctrl+T对"蓝蝴蝶副本"的位置和形状进行调整，如图4-295所示。

图4-295

**▼ 步骤89**

单击"文件"菜单中的"打开"命令，打开配套"素材"文件夹，选择"红蝴蝶"，单击"打开"按钮，如图4-296所示。

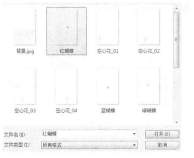

图4-296

**▼ 步骤90**

选择工具箱中的"移动工具"，将"红蝴蝶"窗口中的图片拖曳至"甜蜜恋人"窗口中，关闭窗口"红蝴蝶"，改图层属性名称为"红蝴蝶"，并调整位置，如图4-297所示。

图4-297

**▼ 步骤91**

按住快捷键Ctrl+J复制"红蝴蝶"图层，关闭图层"红蝴蝶"的眼睛，使用快捷键Ctrl+T对"红蝴蝶 副本"的位置和形状进行调整，如图4-298所示。

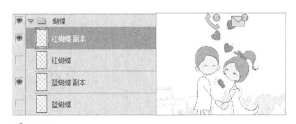

图4-298

**▼ 步骤92**

参考步骤89~91，分别打开配套"素材"文件夹中的"绿蝴蝶"和"紫蝴蝶"，分别拖曳至"甜蜜恋人"窗口中，调整位置，并分别复制各自的图层，如图4-299所示。使用快捷键Ctrl+T分别对"绿蝴蝶 副本"和"紫蝴蝶 副本"进行形状的调整，如图4-300所示。

图4-299

图4-300

## 7. 锁屏界面的动画设计

### ▼ 步骤 93

单击"窗口"菜单中的"动画"命令，选中窗口左下方的"选择循环选项"，选择"永远"，并将帧延迟时间设置为0.1s，作为"蝴蝶"飞动的第1帧。单击左下方的复制所选帧，新建第2帧，依次关闭"蝴蝶"组中"紫蝴蝶"、"绿蝴蝶"、"红蝴蝶"和"蓝蝴蝶"前面的小眼睛，打开"紫蝴蝶 副本"、"绿蝴蝶 副本"、"红蝴蝶 副本"和"蓝蝴蝶 副本"前面的小眼睛，制作蝴蝶飞动的动画特效，其效果如图4-301所示。

图4-301

### ▼ 步骤 94

按照类似的方法，新建第"3~4"帧，继续绘制出"蝴蝶"飞动的动画帧，如图4-302所示。

图4-302

### ▼ 步骤 95

单击"复制所选帧"选项，新建第5帧，依次关闭"男孩奔跑"组和"女孩奔跑"组中的"男孩奔跑1"和"女孩奔跑1"图层前面的小眼睛。打开"男孩奔跑"组和"女孩奔跑"组中的"男孩奔跑2"和"女孩奔跑2"图层前面的小眼睛。在保证蝴蝶飞动的动画特效的同时，作为男孩和女孩向前奔跑动作的第1帧，如图4-303所示。

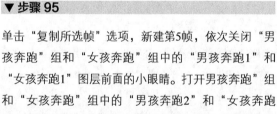

图4-303

### ▼ 步骤 96

单击"复制所选帧"选项，新建第6帧，依次关闭"男孩奔跑"组和"女孩奔跑"组中的"男孩奔跑2"和"女孩奔跑2"图层前面的小眼睛。打开男孩奔跑"组和"女孩奔跑"组中的"男孩奔跑3"和"女孩奔跑3"图层前面的小眼睛，作为男孩和女孩向前奔跑动作的第2帧。同时打开"彩色花"组中"彩色花1"和"彩色花1 副本"图层前面的小眼睛，如图4-304所示。

图4-304

▼ 步骤 97

按照类似的方法，新建第"7~11"帧，继续绘制出"蝴蝶"飞动、"男孩女孩"向前奔跑和"彩色花"开放的动画序列帧，如图4-305所示。

图4-305

▼ 步骤 98

单击"复制所选帧"选项，新建第12帧，打开"爱心"组"形状1"前面的小眼睛，绘制"爱心"动画帧，并将该帧的延时设置为0.5秒，如图4-306所示。

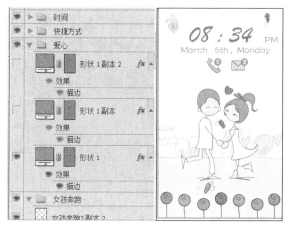

图4-306

▼ 步骤 99

按照类似的方法，依次新建第"13~23"帧，继续绘制出"蝴蝶"飞动、"爱心涌动"的动画序列帧。选中动画面板中的第一帧，单击"播放"按钮，播放锁屏界面的序列帧。至此，整个"甜蜜恋人"的锁屏界面绘制全部完成，如图4-307所示。

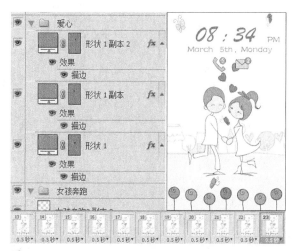

图4-307

# 4.7　知识与技能梳理

　　利用Photoshop来制作手机锁屏界面相对于制作手机图标和主题较为复杂，所以在绘制之前首先要研究客户群，确定解锁方式，然后做好整体的构思和创意，运用"动画"特征来设计与用户之间的交互方式。

　　重要工具：矢量图形工具、铅笔工具、选择工具、变形工具、文字工具、自定形状工具、钢笔工具和属性面板等。

　　核心技术：通过已有素材，综合运用选择、钢笔、移动、自由变换、复制和属性设置、图层面板操作、动画（帧）的设置等制作手机锁屏界面。

**经验分享：**

　　（1）使用"描边"图层样式可以为图像边缘添加颜色、渐变或图案轮廓描边，而执行"编辑"菜单中的"描边"命令能够智能地为图像边缘添加颜色描边。

　　（2）按快捷键Alt+Delete，可以为选区或画布填充前景色，按快捷键Ctrl+Delete，可以为选区填充背景色。

　　（3）无论是图像、图形还是路径，只要保证处于选中状态，按住Alt键拖动鼠标就可以完成复制操作。

　　（4）在Photoshop中绘制动画帧序列时，需要熟练掌握并学会利用组来对图层进行更好的管理。

　　实际应用：卡通、浪漫、商务、中性等类型的智能手机锁屏界面的制作。

## 实训3　手机锁屏界面设计

### 一、实训目的

（1）巩固读者对手机锁屏界面设计的学习，熟练掌握本阶段所学Photoshop工具；

（2）通过实训，让读者运用Photoshop软件自己制作手机锁屏界面，领悟手机锁屏界面制作的方法和设计的感觉；

（3）在实训过程中，读者可加入自己的想法和创意。想要设计出一套优秀的手机锁屏界面，不仅要具有娴熟的操作技艺，更要具备创新精神和独特的审美能力。

### 二、实训内容

（1）幸福的四叶草

（2）Iphone4s锁屏界面

参考4.3、4.4、4.5、4.6节所学内容制作"幸福的四叶草"和"Iphone4s锁屏界面"手机锁屏界面，效果如图4-308、图4-309所示。

**要点提示：**熟练掌握基本图层处理工具；掌握对于素材的导入及后期对其的一些处理；利用画笔工具或是减淡工具对界面进行模糊处理；熟悉对于文字工具的使用；最后是对锁屏界面动画的制作。

【**素材所在位置**】光盘/实训素材/实训3/幸福的四叶草

光盘/实训素材/实训3/ Iphone4s锁屏界面

### 三、最终效果

图4-308

图4-309

# 第5章

# 5

# 章

# Android——UI常用基本控件

用户界面开发是Android应用开发的重要模块之一，不管应用实际的逻辑功能多么复杂、多么优秀，如果没有提供一个友好的图形用户界面，将很难吸引用户眼球。Android提供了大量功能丰富的UI组件，开发者按照一定规律把这些UI组件组合起来就可以开发出优秀的图形用户界面。通过本章的学习，读者可以掌握常用的UI组件的应用，这也是Android应用开发的基础。

### ▌知识技能目标

- ↘ 了解用户界面基本控件的使用方法
- ↘ 掌握UI界面布局的特点和使用方法
- ↘ 掌握TextView与EditText的功能和用法
- ↘ 掌握Button与ToggleButton的功能和用法
- ↘ 掌握ImageView与ImageButton的功能和用法
- ↘ 掌握RadioButton与CheckBox的功能和用法
- ↘ 掌握DatePicker与TimePicker的功能和用法
- ↘ 掌握菜单的使用方法
- ↘ 掌握对话框的使用方法

## 5.1 UI界面布局

### 5.1.1 线性布局LinearLayout

线性布局是最简单的布局之一，它提供了控件水平或者垂直排列的模型。使用此布局时可以通过设置控件的Weight参数控制各个控件在容器的相对大小。线性布局不会换行，当组件一个挨着一个排列到头之后，剩下的组件将不会显示出来。表5-1给出了LinearLayout常用的XML属性及相关方法的说明。

表5-1

| XML属性 | 相关方法 | 说明 |
| --- | --- | --- |
| android:gravity | setGravity(int) | 设置布局管理器内组件的对齐方式 |
| android:orientation | setOrientation(int) | 设置布局管理器内组件的排列方式。可以设置horizontal(水平排列)、vertical(垂直排列) |

在线性布局中使用gravity属性来设置控件的对齐方式。Gravity属性值及方法的说明见表5-2。

表5-2

| 属性值 | 说明 |
| --- | --- |
| top | 不改变控件大小，对齐到容器顶部 |
| bottom | 不改变控件大小，对齐到容器底部 |
| left | 不改变控件大小，对齐到容器左侧 |
| right | 不改变控件大小，对齐到容器右侧 |
| center_vertical | 不改变控件大小，对齐到容器纵向中央位置 |
| center_horizontal | 不改变控件大小，对齐到容器横向中央位置 |
| center | 不改变控件大小，对齐到容器中央位置 |
| fill_vertical | 若有可能，纵向拉伸以填充容器 |
| fill_horizontal | 若有可能，横向拉伸以填充容器 |
| fill | 若有可能，纵向横向同时拉伸以填充容器 |

接下来的程序示范了如何使用LinearLayout来管理组件的布局，下面是界面布局所使用的布局文件。

程序清单：5.1 UI界面布局\LinearLayoutTest\res\layout\activity_main.xml

```
<LinearLayout xmlns:android="http://schemas.android.com/apk/res/android"
    xmlns:tools="http://schemas.android.com/tools"
    android:layout_width="match_parent"
    android:layout_height="match_parent"
    android:orientation="vertical"
    android:gravity="center">
    <TextView
        android:layout_width="wrap_content"
        android:layout_height="wrap_content"
        android:text="hello world" />
    <EditText
        android:layout_width="match_parent"
        android:layout_height="wrap_content"/>
    <Button
        android:id="@+id/ok"
        android:layout_width="match_parent"
        android:layout_height="wrap_content"
        android:text="确认"/>
</LinearLayout>
```

上面的界面布局非常简单，它只是定义了一个简单的线性布局，并在线性布局中定义了一个文本框，一个编辑框和一个按钮，所有组件居中显示。运行上面的程序，出现如图5-1所示的界面。

图5-1

## 5.1.2　表格布局TableLayout

表格布局由TableLayout所表示，表格布局采用行、列的形式来管理UI组件，TableLayout并不需要明确地声明包含多少行、多少列，而是通过添加TableRow、其他组件来控制表格的行数和列数。

每次向TableLayout中添加一个TableRow就增加一行。该TableRow既是一个表格行，也是一个容器，因此它也可以不断地添加其他组件，每添加一个子组件该表格就增加一列。如果直接向TableLayout中添加组件，那么这个组件将直接占用一行。

在表格布局中，列的宽度由该列中最宽的那个单元格决定，整个表格布局的宽度则取决于父容器的宽度。在表格布局管理器中，可以为单元格设置如下3种行为方式。

（1）Shrinkable：该列的所有单元格的宽度可以被收缩，以保证该表格能适应父容器的宽度。

（2）Stretchable：该列的所有单元格的宽度可以被拉伸，以保证组件能完全填满表格空余空间。

（3）Collapsed：该列的所有表格会被隐藏。

TablLayout继承了LinearLayout，因此它完全可以支持LinearLayout所支持的全部XML属性，除此之外，TableLayout还支持如表5-3所示的XML属性。

表5-3

| XML属性 | 相关方法 | 说明 |
| --- | --- | --- |
| android:collapseColumns | setColumnsCollapsed(int,boolean) | 设置需要被隐藏的列 |
| android:shrinkColumns | setShrinkAllColumns(boolean) | 设置允许被收缩的列 |
| android:stretchColumns | setStretchAllColumns(boolean) | 设置允许被拉伸的列 |

接下来的程序示范了如何使用TableLayout来管理组件的布局，下面是界面布局所使用的布局文件。

程序清单：5.1 UI界面布局\TableLayoutTest\res\layout\activity_main.xml

```xml
<LinearLayout xmlns:android="http://schemas.android.com/apk/res/android"
    xmlns:tools="http://schemas.android.com/tools"
    android:layout_width="match_parent"
    android:layout_height="match_parent"
    android:orientation="vertical"
    tools:context=".MainActivity" >
    <TableLayout
        android:id="@+id/tablelayout1"
        android:layout_width="fill_parent"
        android:layout_height="wrap_content"
        android:background="#fd8d8d"
        android:stretchColumns="0">
        <TableRow
            android:id="@+id/tablerow1"
            android:layout_width="fill_parent"
            android:layout_height="wrap_content">
            <TextView
                android:id="@+id/textview1"
                android:layout_width="wrap_content"
                android:layout_height="wrap_content"
                android:text="这是一个文本框">
            </TextView>
        </TableRow>
    </TableLayout>
    <TableLayout
        android:id="@+id/tablelayout2"
        android:layout_width="fill_parent"
        android:layout_height="wrap_content"
        android:background="#6c3366"
        android:stretchColumns="0,1,2,3">
        <TableRow
            android:id="@+id/tablerow2"
            android:layout_width="fill_parent"
            android:layout_height="wrap_content">
            <Button
                android:id="@+id/button1"
                android:layout_width="wrap_content"
                android:layout_height="wrap_content"
```

```
                    android:text="按钮1">
            </Button>
            <Button
              android:id="@+id/button2"
                android:layout_width="wrap_content"
                    android:layout_height="wrap_content"
                        android:text="按钮2">
            </Button>
            <Button
              android:id="@+id/button3"
                android:layout_width="wrap_content"
                    android:layout_height="wrap_content"
                        android:text="按钮3">
            </Button>
            <Button
              android:id="@+id/button4"
                android:layout_width="wrap_content"
                    android:layout_height="wrap_content"
                        android:text="按钮4">
            </Button>
        </TableRow>
    </TableLayout>
    <TableLayout
      android:id="@+id/tablelayout3"
      android:layout_width="fill_parent"
      android:layout_height="wrap_content"
      android:background="#0000E3"
      android:stretchColumns="0">
      <TableRow
        android:id="@+id/tablerow3"
        android:layout_width="fill_parent"
        android:layout_height="wrap_content">
        <EditText
          android:id="@+id/edittext1"
            android:layout_width="match_parent"
                android:layout_height="wrap_content"
                    android:text="这是一个编辑框">
        </EditText>
      </TableRow>
    </TableLayout>
```

&lt;/LinearLayout&gt;

运行程序，得到如图5-2所示的效果。

图5-2

# 5.1.3 相对布局RelativeLayout

相对布局由RelativeLayout表示，相对布局容器内子组件的位置总是相对兄弟组件、父容器来决定的，因此这种布局方式称为相对布局。如果A组件的位置是由B组件决定的，Android要求先定义B组件，再定义A组件。在进行相对布局时用到的属性很多，读者可参照表5-4～表5-6所示内容进行学习。

表5-4

| 属性名称 | 属性说明 |
| --- | --- |
| android:layout_centerHorizontal | 当前控件位于父控件的横向中间位置 |
| android:layout_centerVertical | 当前控件位于父控件的纵向中间位置 |
| android:layout_centerInparent | 当前控件位于父控件的中间位置 |
| android:layout_alignParentBottm | 当前控件底部与父控件底部对齐 |
| android:layout_alignParentLeft | 当前控件左侧与父控件左侧对齐 |
| android:layout_alignParentRight | 当前控件右侧与父控件右侧对齐 |
| android:layout_alignParentTop | 当前控件顶部与父控件底部对齐 |
| android:layout_alignWithParentIfMissing | 参照控件不存在或不可见时参照父控件 |

表5-5

| 属性名称 | 属性说明 |
|---|---|
| android:layout_toRightOf | 使当前控件位于给出id控件的右侧 |
| android:layout_toLeftOf | 使当前控件位于给出id控件的左侧 |
| android:layout_above | 使当前控件位于给出id控件的上方 |
| android:layout_below | 使当前控件位于给出id控件的下方 |
| android:layout_alignTop | 使当前控件的上边界与给出id控件的上边界对齐 |
| android:layout_alignBottom | 使当前控件的下边界与给出id控件的下边界对齐 |
| android:layout_alignLeft | 使当前控件的左边界与给出id控件的左边界对齐 |
| android:layout_alignRight | 使当前控件的右边界与给出id控件的右边界对齐 |

表5-6

| 属性名称 | 属性说明 |
|---|---|
| android:layout_marginLeft | 当前控件左侧留白 |
| android:layout_marginRight | 当前控件右侧留白 |
| android:layout_marginTop | 当前控件顶部留白 |
| android:layout_marginBottom | 当前控件底部留白 |

接下来的程序示范了如何使用TableLayout来管理组件的布局，下面是界面布局所使用的布局文件。

程序清单：5.1 UI界面布局\RelativeLayoutTest\res\layout\activity_main.xml

```
<RelativeLayout xmlns:android="http://schemas.android.com/apk/res/android"
    xmlns:tools="http://schemas.android.com/tools"
    android:layout_width="match_parent"
    android:layout_height="match_parent"
    tools:context=".MainActivity" >
    <!-- 定义该组件位于父容器中间 -->
    <ImageView
        android:id="@+id/center"
        android:layout_width="wrap_content"
```

```
        android:layout_height="wrap_content"
        android:background="@drawable/plane"
        android:layout_centerInParent="true"/>
    <!-- 定义该组件位于center组件的左侧 -->
    <ImageButton
        android:id="@+id/left"
        android:layout_width="wrap_content"
        android:layout_height="wrap_content"
        android:background="@drawable/plane"
        android:layout_toLeftOf="@+id/center"
        android:layout_alignTop="@+id/center"/>
    <!-- 定义该组件位于center组件的右侧 -->
    <ImageButton
        android:id="@+id/right"
        android:layout_width="wrap_content"
        android:layout_height="wrap_content"
        android:background="@drawable/plane"
        android:layout_toRightOf="@+id/center"
        android:layout_alignTop="@+id/center"/>
    <!-- 定义该组件位于center组件的顶部 -->
    <ImageButton
        android:id="@+id/top"
        android:layout_width="wrap_content"
        android:layout_height="wrap_content"
        android:background="@drawable/plane"
        android:layout_above="@+id/center"
        android:layout_alignLeft="@+id/center"/>
    <!-- 定义该组件位于center组件的底部 -->
    <ImageButton
        android:id="@+id/bottom"
        android:layout_width="wrap_content"
        android:layout_height="wrap_content"
        android:background="@drawable/plane"
        android:layout_below="@+id/center"
        android:layout_alignLeft="@+id/center"/>"
</RelativeLayout>
```

运行上面的程序，出现如图5-3所示的效果。

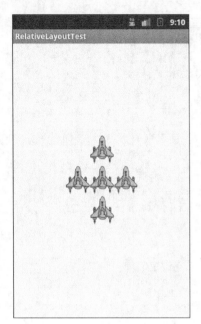

图5-3

## 5.1.4 绝对布局AbsoluteLayout

绝对布局，是指屏幕中所有控件的摆放都由开发人员通过设置控件的坐标来指定，控件容器不再负责管理其子控件的位置。由于子控件的位置和布局都通过坐标来指定，因此AbsoluteLayout类中并没有开发特有的属性和方法。

接下来的程序示范了如何使用AbsoluteLayout来管理组件的布局，下面是界面布局所使用的布局文件。

程序清单：5.1 UI界面布局\AbsoluteLayoutTest\res\layout\activity_main.xml

```
<AbsoluteLayout xmlns:android="http://schemas.android.com/apk/res/android"
    xmlns:tools="http://schemas.android.com/tools"
    android:layout_width="match_parent"
    android:layout_height="match_parent"
    tools:context=".MainActivity" >
    <TextView
        android:layout_x="20dip"
        android:layout_y="20dip"
        android:layout_width="wrap_content"
        android:layout_height="wrap_content"
        android:text="用户名：" />
    <EditText
        android:layout_x="80dip"
        android:layout_y="20dip"
        android:layout_width="180dip"
```

```
            android:layout_height="wrap_content"/>
        <TextView
            android:layout_x="20dip"
            android:layout_y="80dip"
            android:layout_width="wrap_content"
            android:layout_height="wrap_content"
            android:text="密　码：" />
        <EditText
            android:layout_x="80dip"
            android:layout_y="80dip"
            android:layout_width="180dip"
            android:layout_height="wrap_content"/>
        <Button
            android:layout_x="80dip"
            android:layout_y="140dip"
            android:layout_width="wrap_content"
            android:layout_height="wrap_content"
            android:text="确定"/>
        <Button
            android:layout_x="160dip"
            android:layout_y="140dip"
            android:layout_width="wrap_content"
            android:layout_height="wrap_content"
            android:text="取消"/>
</AbsoluteLayout>
```

运行上面的程序，会出现如图5-4所示的效果。

图5-4

# 5.2　UI界面控件

## 5.2.1　TextView与EditText

　　文本控件主要包括TextView控件和EditText控件。其中TextView控件继承自View类，其主要功能是向用户显示文本内容，同时可选择性地让用户编辑文本。从功能上来说，TextView就是一个完整的文本编辑器，只不过其本身被设置为不允许编辑，其子类EditText被设置为允许用户对内容进行编辑。

　　TextView提供了大量XML属性，这些XML属性大部分既可适用于TextView，又可适用于EdutText，但有少量XML只能适用于其一。表5-7显示了TextView支持的XML属性及相关方法的说明。

表5-7

| 属性名称 | 对应方法 | 说明 |
| --- | --- | --- |
| android:autoLink | setAutoLint(int) | 设置是否将文本转换为可单击的超链接显示 |
| android:gravity | setGravity(int) | 定义TextView在X轴和Y轴方向上显示的方式 |
| android:height | setHeight(int) | 定义TextView的准确高度，以像素为单位 |
| android:minHeight | setMinHeight(int) | 定义TextView的最小高度，以像素为单位 |
| android:maxHeight | setMaxHeight(int) | 定义TextView的最大高度，以像素为单位 |
| android:width | setWidth(int) | 定义TextView的准确宽度，以像素为单位 |
| android:minWidth | setMinWidth(int) | 定义TextView的最小宽度，以像素为单位 |
| android:maxWidth | setMaxWidth(int) | 定义TextView的最大宽度，以像素为单位 |
| android:hint | setHint(int) | 当TextView中显示的内容为空时，显示该文本 |
| android:text | setText(CharSequence) | 为TextView设置显示的文本内容 |
| android:textColor | setTextColor(ColorStateList) | 设置TextView的文本颜色 |
| android:textSize | setTextSize(float) | 设置TextView的文本大小 |
| android:typeface | setTypeface(Typeface) | 设置TextView的文本字体 |

　　EditText类继承自TextView。EditText和TextView最大的不同就是用户可以对EditText控件进行编辑，同时还可以为EditText控件设置监听器，用来检测用户输入是否合法等。表5-8为EditText常用属性及相关方法的说明。

表5-8

| 属性名称 | 对应方法 | 说明 |
| --- | --- | --- |
| android:cursorVisible | setCursorVisible(boolean) | 设置光标是否可见 |
| android:lines | setLines(int) | 设置固定的行数 |
| android:maxLines | setLines(int) | 设置最大行数 |
| android:minLines | setMinLines(int) | 设置最小行数 |
| android:password | setTransformationMethod(TransformationMethod) | 设置文本框的内容是否显示为密码 |
| android:phoneNumber | setKeyListener(KeyListener) | 设置文本框的内容是否显示为电话号码 |
| android:scorllHorizontally | setHorizontallyScorlling(boolean) | 设置文本框是否可以进行水平滚动 |
| android:singleLine | setTransformationMethod(TransformationMethod) | 设置文本框的单行模式 |
| android:maxLength | setFilters(InputFilter) | 设置最大显示长度 |

接下来的程序示范了如何使用TextView控件和EditText控件，下面是界面布局所使用的布局文件。

程序清单：5.2UI界面控件\TextViewEditTextTest\res\layout\activity_main.xml

```
<LinearLayout xmlns:android="http://schemas.android.com/apk/res/android"
  xmlns:tools="http://schemas.android.com/tools"
  android:layout_width="match_parent"
  android:layout_height="match_parent"
  android:orientation="vertical"
  tools:context=".MainActivity" >
  <TableLayout
    android:id="@+id/tablelayout1"
    android:layout_width="fill_parent"
    android:layout_height="wrap_content"
    android:stretchColumns="0,1">
    <TableRow
      android:id="@+id/tablerow1"
      android:layout_width="fill_parent"
        android:layout_height="wrap_content">
    <TextView
        android:layout_width="wrap_content"
        android:layout_height="wrap_content"
        android:text="姓名：" />
      <EditText
        android:id="@+id/editName"
      android:layout_width="wrap_content"
```

```
                    android:layout_height="wrap_content"
                    android:hint="请输入姓名"/>
        </TableRow>
    </TableLayout>
    <TableLayout
        android:id="@+id/tablelayout2"
        android:layout_width="fill_parent"
        android:layout_height="wrap_content"
        android:stretchColumns="0,1">
        <TableRow
            android:id="@+id/tablerow2"
            android:layout_width="fill_parent"
                    android:layout_height="wrap_content">
            <TextView
                        android:layout_width="wrap_content"
                        android:layout_height="wrap_content"
                        android:text="密码：" />
                <EditText
                    android:id="@+id/editPassword"
                android:layout_width="wrap_content"
                    android:layout_height="wrap_content"
                    android:hint="请输入密码"
                    android:maxLength="6"
                    android:password="true"/>
        </TableRow>
    </TableLayout>
        <TableLayout
            android:id="@+id/tablelayout3"
            android:layout_width="fill_parent"
            android:layout_height="wrap_content"
            android:stretchColumns="0,1">
        <TableRow
                android:id="@+id/tablerow3"
                android:layout_width="fill_parent"
                android:layout_height="wrap_content">
                <TextView
                    android:layout_width="wrap_content"
                    android:layout_height="wrap_content"
                    android:text="号码：" />
                <EditText
```

```
            android:id="@+id/editPhone"
        android:layout_width="wrap_content"
          android:layout_height="wrap_content"
          android:hint="请输入号码"
          android:phoneNumber="true"/>
    </TableRow>
  </TableLayout>
    <TableLayout
    android:id="@+id/tablelayout4"
    android:layout_width="fill_parent"
    android:layout_height="wrap_content"
    android:stretchColumns="0">
    <TableRow
      android:id="@+id/tablerow4"
      android:layout_width="fill_parent"
          android:layout_height="wrap_content">
      <Button
            android:layout_width="wrap_content"
            android:layout_height="wrap_content"
            android:text="注册" />
    </TableRow>
  </TableLayout>
</LinearLayout>
```

运行上面的程序，会出现如图5-5所示的效果。

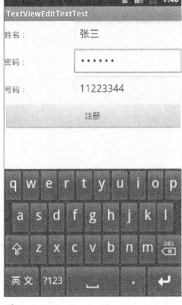

图5-5

## 5.2.2 Button与ToggleButton

Button控件继承自TextView类，用户可以对Button控件执行按下或单击等操作。Button控件的用法很简单，主要是为Boutton控件设置View.OnClickListener监听器，并在监听器的实现代码中开发按钮按下事件的处理代码。

ToggleButton由Button派生而来，它可以提供两个状态，通常用于切换程序中的某种状态。表5-9显示了ToggleButton所支持的XML属性及相关方法的说明。

**表5-9**

| XML属性 | 相关方法 | 说明 |
|---|---|---|
| android:checked | setChecked(boolean) | 设置该按钮是否被选中 |
| android:textOff | setLines(int) | 设置当该按钮没有被选中时显示的文本 |
| android:textOn | setLines(int) | 设置当该按钮被选中时显示的文本 |

接下来我们通过下面的程序来示范Button控件和ToggleButton控件的用法。步骤如下。

▼ **步骤 1 建立项目，打开Eclipse工具，建立一个名为ButtonToggleButtonTest的项目。**

▼ **步骤 2 修改布局文件。打开项目res/layout目录下的activity_main.xml文件，修改布局效果如图5-6所示。**

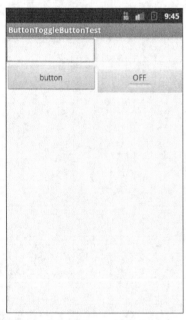

图5-6

程序清单：5.2UI界面控件\ButtonToggleButtonTest\res\layout\activity_main.xml

```
<LinearLayout xmlns:android="http://schemas.android.com/apk/res/android"
    xmlns:tools="http://schemas.android.com/tools"
    android:layout_width="match_parent"
```

```
        android:layout_height="match_parent"
        android:orientation="vertical"
        tools:context=".MainActivity" >
        <LinearLayout
            android:layout_width="match_parent"
            android:layout_height="wrap_content"
            android:orientation="horizontal">
            <EditText
                android:id="@+id/edittext1"
                android:layout_width="match_parent"
                android:layout_height="wrap_content"
                android:layout_weight="1"/>
            <EditText
                android:id="@+id/edittext2"
                android:layout_width="match_parent"
                android:layout_height="wrap_content"
                android:layout_weight="1"/>
        </LinearLayout>
        <LinearLayout
            android:layout_width="match_parent"
            android:layout_height="wrap_content"
            android:orientation="horizontal">
            <Button
                android:id="@+id/button"
                android:layout_width="wrap_content"
                android:layout_height="wrap_content"
                android:layout_weight="1"
                android:text="button"/>
            <ToggleButton
                android:id="@+id/togglebutton"
                android:layout_width="wrap_content"
                android:layout_height="wrap_content"
                android:layout_weight="1"
                android:text="togglebutton"/>
        </LinearLayout>
    </LinearLayout>
```

▼ 步骤 3 开发主逻辑界面文件，打开项目中的**MainActivity.java**，编写代码如下。

程序清单：5.2UI界面控件\ButtonToggleButtonTest\src\com\example\buttontogglebutton test\MainActivity.java

package com.example.buttontogglebuttontest;

```
import android.app.Activity;
import android.os.Bundle;
import android.view.Menu;
import android.view.View;
import android.view.View.OnClickListener;
import android.widget.Button;
import android.widget.CompoundButton;
import android.widget.CompoundButton.OnCheckedChangeListener;
import android.widget.EditText;
import android.widget.ToggleButton;
public class MainActivity extends Activity {
    private EditText edittext1;
    private EditText edittext2;
    private Button button;
    private ToggleButton togglebutton;
    protected void onCreate(Bundle savedInstanceState) {
            super.onCreate(savedInstanceState);
            setContentView(R.layout.activity_main);
            edittext1=(EditText)findViewById(R.id.edittext1);
            edittext2=(EditText)findViewById(R.id.edittext2);
            button=(Button)findViewById(R.id.button);
            togglebutton=(ToggleButton)findViewById(R.id.togglebutton);
            //当按钮button被按下时设置edittext1显示的内容
            button.setOnClickListener(new OnClickListener() {
                    public void onClick(View v) {
                            edittext1.setText("按钮button被单击");
                    }
            });
            //当按钮togglebutton被按下时设置edittext2显示的内容
            togglebutton.setOnCheckedChangeListener(new OnCheckedChangeListener() {
              public void onCheckedChanged(CompoundButton buttonView, boolean isChecked) {
                            if(togglebutton.isChecked()){
                                    edittext2.setText("togglebutton打开");
                            }
                            else{
                                    edittext2.setText("togglebutton关闭");
                            }
                    }
            });
    }
```

```
public boolean onCreateOptionsMenu(Menu menu) {
        // Inflate the menu; this adds items to the action bar if it is present.
        getMenuInflater().inflate(R.menu.main, menu);
        return true;
    }
}
```

运行上面的程序，单击Button和ToggleButton两个按钮，会出现如图5-7所示的效果。

图5-7

## 5.2.3 ImageView与ImageButton

ImageView继承自View组件，它的主要功能是用于显示图片——实际上这个说法不太严谨，因为它能显示的不仅仅是图片，任何Drawable对象都可以使用ImageView来显示。表5-10显示了ImageView支持的常用XML属性及相关方法的说明。

表5-10

| XML属性 | 相关方法 | 说明 |
|---|---|---|
| android:adjustViewBounds | setAdjustView(boolean) | 设置ImageView是否调整自己的边界来保持所显示图片的长宽比 |
| android:maxHeight | setMaxHeight(int) | 设置ImageView的最大高度 |
| android:maxWidth | setMaxWidth(int) | 设置ImageView的最大宽度 |
| android:scaleType | setScaleType(ImageView.ScaleType) | 设置所显示的图片如何缩放或移动以适应ImageView的大小 |
| android:src | setImageResource(int) | 设置ImageView所显示的Drawable对象ID |

同时，Image类中还有一些成员方法比较实用，其方法说明见表5-11。

表5-11

| 方法名称 | 说明 |
|---|---|
| setAlpha(int alpha) | 设置ImageView的透明度 |
| setImageBitmap(Bitmap bm) | 设置ImageView所显示的内容为指定的Bitmap对象 |
| setImageDrawable(Drawable drawable) | 设置ImageView所显示的内容为指定drawable |
| setImageResource(int resId) | 设置ImageView所显示的内容为指定id的资源 |
| setImageURI(Uri uri) | 设置ImageView所显示的内容为指定uri |
| setSelected(boolean selected) | 设置ImageView的选中状态 |

ImageButton继承了Button，Button与ImageButton的区别在于：Button生成的按钮上显示文字，而ImageButton上则显示图片。需要指出的是，为ImageButton按钮指定android:text属性没用，即使指定了该属性，图片按钮上也不会显示任何文字。如果使用ImageButton，图片按钮可以指定android:img属性，但该按钮又不能指定文字，而且如果只是为ImageButton的android:src指定一张图片，那么该图片还是不能随用户动作来改变。

下面我们通过一个简单的图片查看器来介绍ImageView和ImageButton的具体用法，操作步骤如下。

▼ 步骤 1 建立项目，准备资源。打开Eclipse工具，建立一个名为ImageViewImageButtonTest的项目，将所需的图片存放在项目的res\drawable-hdpi目录下。

▼ 步骤 2 修改布局文件。打开项目res\layout目录下的activity_main.xml文件，修改代码如下。

程序清单：5.2UI界面控件\ImageViewImageButtonTest\res\layout\activity_main.xml

```
<LinearLayout xmlns:android="http://schemas.android.com/apk/res/android"
   xmlns:tools="http://schemas.android.com/tools"
   android:layout_width="match_parent"
   android:layout_height="match_parent"
   android:orientation="vertical"
   tools:context=".MainActivity" >
   <LinearLayout
      android:layout_width="match_parent"
      android:layout_height="400sp"
      android:orientation="horizontal">
      <ImageView
      android:id="@+id/image"
      android:layout_width="match_parent"
      android:layout_height="wrap_content"
```

```xml
            android:scaleType="fitCenter"
            android:src="@drawable/one"/>
    </LinearLayout>
    <LinearLayout
        android:layout_width="match_parent"
        android:layout_height="wrap_content"
        android:orientation="horizontal">
        <ImageButton
            android:id="@+id/before"
            android:layout_width="match_parent"
            android:layout_height="wrap_content"
            android:layout_weight="1"
            android:scaleType="fitXY"
            android:src="@drawable/before"/>
        <ImageButton
            android:id="@+id/next"
            android:layout_width="match_parent"
            android:layout_height="wrap_content"
            android:layout_weight="1"
            android:scaleType="fitXY"
            android:src="@drawable/next"/>
    </LinearLayout>"
</LinearLayout>
```

**▼ 步骤 3 开发界面文件。打开项目中的MainActivity.java文件，编写代码如下。**

程序清单：5.2UI界面控件\ImageViewImageButtonTest\src\com\example\ imageviewimagebuttontest\ MainActivity.java

```java
package com.example.imageviewimagebuttontest;
import android.app.Activity;
import android.os.Bundle;
import android.view.Menu;
import android.view.View;
import android.view.View.OnClickListener;
import android.widget.ImageButton;
import android.widget.ImageView;
import android.widget.Toast;
public class MainActivity extends Activity {
    private ImageButton before;
    private ImageButton next;
    private ImageView image;
    int[] picture=new int[]{R.drawable.one,R.drawable.two,R.drawable.three,R.drawable.four};
```

```
        static int current=0;
        protected void onCreate(Bundle savedInstanceState) {
                super.onCreate(savedInstanceState);
                setContentView(R.layout.activity_main);
                before=(ImageButton)findViewById(R.id.before);
                next=(ImageButton)findViewById(R.id.next);
                image=(ImageView)findViewById(R.id.image);
                image.setImageResource(picture[current]);
                before.setOnClickListener(new OnClickListener() {
                        public void onClick(View v) {
                                if(current==0){
                                        Toast.makeText(MainActivity.this, "已经是第一张图片",Toast.
LENGTH_SHORT).show();
                                }
                                else{
                                        --current;
                                        image.setImageResource(picture[current]);
                                }
                        }
                });
                next.setOnClickListener(new OnClickListener() {
                        public void onClick(View v) {
                                if(current==3){
                                        Toast.makeText(MainActivity.this, "已经是最后一张图片",Toast.
LENGTH_SHORT).show();
                                }
                                else{
                                        ++current;
                                        image.setImageResource(picture[current]);
                                }
                        }
                });
        }
        @Override
        public boolean onCreateOptionsMenu(Menu menu) {
                // Inflate the menu; this adds items to the action bar if it is present.
                getMenuInflater().inflate(R.menu.main, menu);
                return true;
        }
    }
```

▼ 步骤 **4** 运行程序，查看效果。启动模拟器，调试该项目。在项目运行中，当单击"上一张"或"下一张"图

片按钮时，看到模拟器界面所显示的图片不断更换，如图5-8和图5-9所示。

图5-8              图5-9

## 5.2.4  RadioButton与CheckBox

单选按钮RadioButton和复选框CheckBox都继承了Button按钮，因此它们都可以直接使用Button支持的各种属性和方法。RadioButton、CheckBox与普通按钮不同的是，它们多了一个可选中的功能，因此它们都可额外指定一个android:checked属性。该属性用于指定它们是否被选中。

RadioButton与CheckBox的不同之处在于，一组RadioButton只能选中其中一个，因此RadioButton通常要与RadioGroup一起使用，用于定义一组单选按钮。表5-12所示为RadioButton控件和CheckBox控件的常用方法。

表5-12

| 属性名称 | 说明 |
| --- | --- |
| isChecked() | 判断是否被选中，如果选中返回true，否则返回false |
| performClick() | 调用OnClickListener监听器，即模拟一次单击 |
| setChecked(boolean checked) | 通过传入的参数设置控件状态 |
| toggle | 置反控件当前的状态 |
| setOnCheckedChangeListener(CompoundButton. OnCheckedChangeListener listener) | 为控件设置OnCheckedChangeListener监听器 |

下面我们通过一个简单的例子来介绍RadioButton和CheckBox的具体用法，操作步骤如下。

▼ **步骤 1 建立项目，准备资源。** 打开Eclipse工具，建立一个名为RadioButtonCheckBoxTest的项目。

▼ **步骤 2 修改布局文件。** 打开项目res\layout目录下的activity_main.xml文件，修改代码如下所示。

程序清单：5.2UI界面控件\RadioButtonCheckBoxTest\res\layout\activity_main.xml

```xml
<LinearLayout xmlns:android="http://schemas.android.com/apk/res/android"
    xmlns:tools="http://schemas.android.com/tools"
    android:layout_width="match_parent"
    android:layout_height="match_parent"
    android:orientation="vertical"
    tools:context=".MainActivity" >
    <LinearLayout
        android:layout_width="match_parent"
        android:layout_height="wrap_content"
        android:layout_weight="1">
        <TextView
            android:layout_width="wrap_content"
            android:layout_height="wrap_content"
            android:text="姓名：" />
        <RadioGroup
            android:id="@+id/radiogroup"
            android:layout_width="wrap_content"
            android:layout_height="wrap_content"
            android:checkedButton="@+id/man"
            android:orientation="horizontal">
            <RadioButton
                android:id="@+id/man"
                android:layout_width="wrap_content"
                android:layout_height="wrap_content"
                android:text="男"/>
            <RadioButton
                android:id="@+id/woman"
                android:layout_width="wrap_content"
                android:layout_height="wrap_content"
                android:text="女"/>
        </RadioGroup>
    </LinearLayout>
    <LinearLayout
        android:layout_width="match_parent"
```

```
        android:layout_height="wrap_content"
        android:layout_weight="1">
        <TextView
            android:layout_width="wrap_content"
            android:layout_height="wrap_content"
            android:text="爱好：" />
            <CheckBox
                android:id="@+id/music"
                android:layout_width="wrap_content"
                android:layout_height="wrap_content"
                android:text="音乐"/>
        <CheckBox
            android:id="@+id/read"
            android:layout_width="wrap_content"
            android:layout_height="wrap_content"
            android:text="阅读"/>
        <CheckBox
            android:id="@+id/sport"
            android:layout_width="wrap_content"
            android:layout_height="wrap_content"
            android:text="运动"/>
    </LinearLayout>
    <Button
        android:id="@+id/ok"
        android:layout_width="match_parent"
        android:layout_height="wrap_content"
        android:text="确定"/>
    <TextView
        android:id="@+id/textview1"
        android:layout_width="match_parent"
        android:layout_height="wrap_content"
        android:layout_weight="1"
        android:text="您的性别：" />
    <TextView
        android:id="@+id/textview2"
        android:layout_width="match_parent"
        android:layout_height="wrap_content"
        android:layout_weight="1"
        android:text="您的爱好：" />
</LinearLayout>
```

▼ 步骤 3 开发界面文件。打开项目中的MainActivity.java文件，编写代码如下：

程序清单：5.2UI界面控件\RadioButtonCheckBoxTest\src\com\example\radiobuttoncheckboxtest\MainActivity.java

```java
package com.example.radiobuttoncheckboxtest;
import android.app.Activity;
import android.os.Bundle;
import android.view.Menu;
import android.view.View;
import android.view.View.OnClickListener;
import android.widget.Button;
import android.widget.CheckBox;
import android.widget.RadioButton;
import android.widget.TextView;
public class MainActivity extends Activity {
    private RadioButton man;
    private RadioButton woman;
    private CheckBox music;
    private CheckBox read;
    private CheckBox sport;
    private Button ok;
    private TextView textview1;
    private TextView textview2;
    protected void onCreate(Bundle savedInstanceState) {
        super.onCreate(savedInstanceState);
        setContentView(R.layout.activity_main);
        man=(RadioButton)findViewById(R.id.man);
        woman=(RadioButton)findViewById(R.id.woman);
        music=(CheckBox)findViewById(R.id.music);
        read=(CheckBox)findViewById(R.id.read);
        sport=(CheckBox)findViewById(R.id.sport);
        ok=(Button)findViewById(R.id.ok);
        textview1=(TextView)findViewById(R.id.textview1);
        textview2=(TextView)findViewById(R.id.textview2);
        ok.setOnClickListener(new OnClickListener() {
            public void onClick(View v) {
                String sex="您的性别：";
                String like="您的爱好：";
                if(man.isChecked()){
                    sex+="男";
                }
                if(woman.isChecked()){
```

```
                                sex+="女";
                        }
                        if(music.isChecked()){
                                like+="音乐 ";
                        }
                        if(read.isChecked()){
                                like+="阅读 ";
                        }
                        if(sport.isChecked()){
                                like+="运动";
                        }
                        textview1.setText(sex);
                        textview2.setText(like);
                }
            });
        }
        @Override
        public boolean onCreateOptionsMenu(Menu menu) {
                // Inflate the menu; this adds items to the action bar if it is present.
                getMenuInflater().inflate(R.menu.main, menu);
                return true;
        }
    }
}
```

▼ 步骤 4 运行程序，查看效果，如图5-10所示。

图5-10

## 5.2.5 DatePicker与TimePicker

DatePicker和TimePicker是两个比较易用的控件，它们都从FrameLayout派生而来。其中DatePicker供用户选择日期，TimePicker供用户选择时间。

DatePicker和TimePicker在FrameLayout的基础上提供了一些方法来获取当前用户所选择的日期、时间，如果程序需要获取用户选择的日期、时间，则可通过为DatePicker添加OnDateChangedListener进行监听，为TimePicker添加OnTimerChangedListener进行监听来实现。DatePicker类和TimePicker类主要的成员方法见表5-13和表5-14。

表5-13

| 方法名称 | 方法说明 |
| --- | --- |
| getDayOfMonth() | 获取日期天数 |
| getMonth() | 获取日期月份 |
| getYear() | 获取日期年份 |
| init(int year,int monthOfYear,int dayOfMonth,DatePicker.OnDateChangedListener listener) | 初始化DatePicker控件的属性 |
| setEnabled(boolean enabled) | 设置日期选择控件是否可用 |
| updateDate(int year,intmonthOfYear,int dayOfMonth) | 更新日期选择控件的各个属性值 |

表5-14

| 方法名称 | 方法说明 |
| --- | --- |
| getCurrentHour() | 获取时间选择控件的当前小时 |
| getCurrentMinute() | 获取时间选择控件的当前分钟 |
| is24HourView() | 判断时间选择控件是否是24小时制 |
| setCurrentHour() | 设置时间选择控件的当前小时 |
| setCurrentMinute() | 设置时间选择控件的当前分钟 |
| setEnabled(boolean enabled) | 设置时间选择控件是否可用 |
| set24HourView(boolean is24HourView) | 设置时间选择控件是否是24小时制 |
| setOnTimeChangedListener(TimerPicker.OnTimerChangedListener listener) | 为时间选择控件添加OnTimeChangedListener监听器 |

下面以一个让用户选择日期、时间的例子来示范DatePicker和TimePicker的功能和用法，操作步骤如下。

▼ 步骤1建立项目，准备资源。打开Eclipse工具，建立一个名为DatePickerTimePickerTest的项目。

▼ 步骤2修改布局文件。打开项目res\layout目录下的activity_main.xml文件，修改代码如下：

程序清单：5.2UI界面控件\DatePickerTimePickerTest\res\layout\activity_main.xml

```
<LinearLayout xmlns:android="http://schemas.android.com/apk/res/android"
    xmlns:tools="http://schemas.android.com/tools"
    android:layout_width="match_parent"
    android:layout_height="match_parent"
```

```
    android:orientation="vertical"
    tools:context=".MainActivity" >
    <DatePicker
        android:id="@+id/datepicker"
        android:layout_width="wrap_content"
        android:layout_height="wrap_content"
        android:layout_gravity="center_horizontal"/>
    <TimePicker
        android:id="@+id/timepicker"
        android:layout_width="wrap_content"
        android:layout_height="wrap_content"
        android:layout_gravity="center_horizontal"/>
    <EditText
        android:id="@+id/edittext"
        android:layout_width="match_parent"
        android:layout_height="wrap_content"
        android:enabled="false"/>
</LinearLayout>
```

**▼ 步骤 3 开发界面文件。打开项目中的MainActivity.java文件，编写代码如下：**

程序清单：5.2UI界面控件\DatePickerTimePickerTest\src\com\example\datepickertimepickertest\MainActivity. java

```java
package com.example.datepickertimepickertest;
import java.util.Calendar;
import android.app.Activity;
import android.os.Bundle;
import android.view.Menu;
import android.widget.DatePicker;
import android.widget.DatePicker.OnDateChangedListener;
import android.widget.EditText;
import android.widget.TimePicker;
import android.widget.TimePicker.OnTimeChangedListener;
public class MainActivity extends Activity {
    private DatePicker datepicker;
    private TimePicker timepicker;
    private EditText edittext;
    private int Year;
    private int Month;
    private int Day;
    private int Hour;
    private int Minute;
```

```
protected void onCreate(Bundle savedInstanceState) {
        super.onCreate(savedInstanceState);
        setContentView(R.layout.activity_main);
        datepicker=(DatePicker)findViewById(R.id.datepicker);
        timepicker=(TimePicker)findViewById(R.id.timepicker);
        edittext=(EditText)findViewById(R.id.edittext);
        //获取当前的年、月、日、小时、分钟
        Calendar c=Calendar.getInstance();
        Year=c.get(Calendar.YEAR);
        Month=c.get(Calendar.MONTH);
        Day=c.get(Calendar.DAY_OF_MONTH);
        Hour=c.get(Calendar.HOUR);
        Minute=c.get(Calendar.MINUTE);
        //初始化DatePicker组件，初始化时指定监听器
        datepicker.init(Year, Month, Day, new OnDateChangedListener() {
                public void onDateChanged(DatePicker view, int year, int month,
                                int day) {
                        Year=year;
                        Month=month;
                        Day=day;
                        show(Year, Month+1,Day,Hour,Minute);
                }
        });
        //为TimePicker指定监听器
        timepicker.setOnTimeChangedListener(new OnTimeChangedListener() {
                public void onTimeChanged(TimePicker view, int hour, int minute) {
                        Hour=hour;
                        Minute=minute;
                        show(Year, Month+1,Day,Hour,Minute);
                }
        });
}
//在EditText中显示当前日期、时间
private void show(int year,int month,int day,int hour,int minute){
        edittext.setText("您选择的日期时间为："+year+"年"+month+"月"+day+"日"+hour+"时"+minute+"分");
}
public boolean onCreateOptionsMenu(Menu menu) {
        // Inflate the menu; this adds items to the action bar if it is present.
        getMenuInflater().inflate(R.menu.main, menu);
```

```
            return true;
        }
    }
```

▼ **步骤 4 运行程序，查看效果，如图5-11所示。**

图5-11

# 5.3 菜单

## 5.3.1 选项菜单和子菜单（SubMenu）

本节将介绍选项菜单和子菜单，当Activity在前台运行时，如果用户按下手机上的Menu键，此时就会在屏幕底部弹出相应的菜单选项。这个功能是需要开发人员编程来实现的。如果在开发应用程序时没有实现该功能，那么程序运行时按下手机上的Menu键是不会起作用的。

对于带图标的选项菜单，每次最多只能显示6个。当菜单选项多于6个时，将只显示前6个和一个扩展菜单选项，单击扩展菜单选项将会弹出其余的菜单项。

在Android中通过回调方法来创建菜单并处理菜单按下的事件，除了开发回调方法onOptionsItemSelected来处理用户选中事件，还可以为每个菜单项对象添加onOptionsItemClickListener监听器来处理菜单选中事件。开发选项菜单主要用到Menu、MenuItem及SubMenu。表5-15所示为选项菜单相关的回调方法。

表5-15

| 方法名 | 描述 |
|---|---|
| onCreateOptionsMenu(Menu menu) | 初始化选项菜单，该方法只在第一次显示菜单时调用 |
| onOptionsItemSelected(MenuItem item) | 当选项菜单中某个选项被选中时调用该方法 |
| onOptionsMenuClosed(Menu menu) | 当选项菜单关闭时调用该方法 |

Android系统的菜单支持主要通过4个接口来实现：Menu、SubMenu、ContextMenu、MenuItem。Menu接口只是一个父接口，该接口下有两个子接口：SubMenu和ContextMenu。

Menu接口定义了如下方法来添加菜单或菜单项。

- MenuItem add(int titleRes)：添加一个新的菜单项。
- MenuItem add(int groupId,int itemId,int order,Charsequence title)：添加一个新的处于groupId组的菜单项。
- MenuItem add(int groupId,int itemId,int order, int titleRes)：添加一个新的处于groupId组的菜单项。
- MenuItem add(Charsequence title)：添加一个新的菜单项。
- SubMenu addSubMenu(int titleRes)：添加一个新的子菜单。
- SubMenu addSubMenu(int groupId,int itemId,int order, int titleRes)：添加一个新的处于groupId组的子菜单。
- SubMenu addSubMenu(Charsequence title)：添加一个新的子菜单项。
- SubMenu addSubMenu(int groupId,int itemId,int order,Charsequence title)：添加一个新的处于groupId组的菜单项。

上面的方法归纳起来就是两个：add()方法用于添加菜单项，addSubMenu()用于添加子菜单。这些重载方法的区别是：是否将子菜单、菜单项添加到指定菜单中，是否使用资源文件中的字符串资源来设置标题。

SubMenu继承了Menu，它就代表了一个子菜单，额外提供了如下常用方法。

- SubMenu setHeaderIcon(Drawable icon)：设置菜单头的图标。
- SubMenu setHeaderIcon(int iconRes)：设置菜单头的图标。
- SubMenu setHeaderTitle(int titleRes)：设置菜单头的标题。
- SubMenu setHeaderTitle(CharSequence title)：设置菜单头的标题。
- SubMenu setHeaderView(View view)：使用View来设置菜单头。

下面的程序示范了如何为应用添加菜单和子菜单。该程序的界面布局很简单，故不给出界面布局文件。该程序的Java代码如下所示。

程序清单：5.3菜单\ SubMenuTest\src\com\example\ submenutest\MainActivity.java

```java
package com.example.submenutest;
import android.app.Activity;
import android.graphics.Color;
import android.os.Bundle;
import android.view.Menu;
import android.view.MenuItem;
import android.view.SubMenu;
import android.widget.EditText;
import android.widget.Toast;
public class MainActivity extends Activity {
    //定义字体大小菜单项标识
    final int FONT_10=0x111;
    final int FONT_12=0x112;
    final int FONT_14=0x113;
    final int FONT_16=0x114;
    final int FONT_18=0x116;
    //定义普通菜单项标识
```

```
final int PLAIN_ITEM=0x11b;
//定义字体颜色菜单项标识
final int FONT_RED=0x116;
final int FONT_BLUE=0x117;
final int FONT_GREEN=0x118;
private EditText edittext;
protected void onCreate(Bundle savedInstanceState) {
        super.onCreate(savedInstanceState);
        setContentView(R.layout.activity_main);
        edittext=(EditText)findViewById(R.id.edittext);
}
public boolean onCreateOptionsMenu(Menu menu) {
        //向menu中添加字体大小的子菜单
        SubMenu fontmenu=menu.addSubMenu("字体大小");
        //设置菜单头的标题
        fontmenu.setHeaderTitle("选择字体大小");
        fontmenu.setIcon(R.drawable.size);
        fontmenu.add(0, FONT_10, 0, "10号字体");
        fontmenu.add(0, FONT_12, 0, "12号字体");
        fontmenu.add(0, FONT_14, 0, "14号字体");
        fontmenu.add(0, FONT_16, 0, "16号字体");
        fontmenu.add(0, FONT_18, 0, "18号字体");
        //向menu中添加普通菜单项
        menu.add(0, PLAIN_ITEM, 0, "普通菜单项");
        //向menu中添加文字颜色的子菜单
        SubMenu colormenu=menu.addSubMenu("字体颜色");
        colormenu.setHeaderTitle("选择文字颜色");
        colormenu.setIcon(R.drawable.color);
        colormenu.add(0, FONT_RED, 0, "红色");
        colormenu.add(0, FONT_BLUE, 0, "蓝色");
        colormenu.add(0, FONT_GREEN, 0, "绿色");
        return true;
}
//菜单项被单击后的回调方法
public boolean onOptionsItemSelected(MenuItem mi){
        switch(mi.getItemId()){
          case FONT_10:
                edittext.setTextSize(10*2);
                edittext.setText("您选择了10号字体");
                break;
```

```
                case FONT_12:
                        edittext.setTextSize(12*2);
                        edittext.setText("您选择了12号字体");
                        break;
                case FONT_14:
                        edittext.setTextSize(14*2);
                        edittext.setText("您选择了14号字体");
                        break;
                case FONT_16:
                        edittext.setTextSize(16*2);
                        edittext.setText("您选择了18号字体");
                        break;
                case FONT_18:
                        edittext.setTextSize(18*2);
                        edittext.setText("您选择了18号字体");
                        break;
                case FONT_RED:
                        edittext.setTextColor(Color.RED);
                        edittext.setText("您选择了红色字体");
                        break;
                case FONT_BLUE:
                        edittext.setTextColor(Color.BLUE);
                        edittext.setText("您选择了蓝色字体");
                        break;
                case FONT_GREEN:
                        edittext.setTextColor(Color.GREEN);
                        edittext.setText("您选择了绿色字体");
                        break;
                case PLAIN_ITEM:
                        Toast .makeText(this, "您单击了菜单项", 3000).show();
                        break;
                }
                return true;
        }
}
```

上面的程序中添加了三个菜单，两个是子菜单，而且程序还为子菜单设置了图标、标题等。运行上面的程序，单击Menu键，将看到程序下方显示如图5-12所示的菜单。

图5-12所示的菜单中，字体大小包含子菜单，普通菜单只是一个菜单项，字体颜色也包含一个子菜单。如果用户单击"字体颜色"菜单，将会看到屏幕上显示如图5-13所示的子菜单。

由于程序重写了onOptionsItemSelected(MenuItem mi)方法，因此当用户单击指定的菜单项时，程序可以为菜单项的单击事件提供响应，如果用户单击"字体颜色"中的"红色"选项时，将会看到屏幕上显示如图5-14所示的效果。

图5-12

图5-13

图5-14

## 5.3.2 上下文菜单(ContetMenu)

本节将介绍上下文菜单ContetMenu的使用，ContetMenu继承自Menu。上下文菜单不同于选项菜单，选项菜单服务于Activity，而上下文菜单是注册到某个View对象上的。如果一个View对象注册了上下文菜单，用户可以通过长按该View对象呼出上下文菜单。

上下文菜单不支持快捷键shortcut，其菜单选项也不能附带图标，但是可以为其指定图标。使用上下文菜单时常用到Activity类的成员方法，见表5-16。

表5-16

| 方法名称 | 方法说明 |
|---|---|
| onCreateContextMenu(ContextMenu menu,View v,ContextMenu.ContextMenuInfo menuInfo) | 每次为View对象呼出上下文菜单时都将调用该方法 |
| onContextItemSelected(MenuItem item) | 当用户选择了上下文菜单选项后调用该方法进行处理 |
| onContextMenuClosed(Menu menu) | 当上下文菜单被关闭时调用该方法 |
| registerForContextMenu(View view) | 为指定的View对象注册一个上下文菜单 |

下面的程序示范了如何使用上下文菜单。该程序的界面布局很简单，故不给出界面布局文件。该程序的Java代码如下所示。

程序清单：5.3菜单\ ContetMenuTest\src\com\example\ contetmenutest \MainActivity.java

```java
package com.example.contextmenu;
import android.app.Activity;
import android.graphics.Color;
import android.os.Bundle;
import android.view.ContextMenu;
import android.view.Menu;
import android.view.MenuItem;
import android.view.View;
import android.widget.TextView;
public class MainActivity extends Activity {
    final int MENU1    =0x111;
    final int MENU2    =0x112;
    final int MENU3    =0x113;
    private TextView txt;
    protected void onCreate(Bundle savedInstanceState) {
            super.onCreate(savedInstanceState);
            setContentView(R.layout.activity_main);
            txt=(TextView)findViewById(R.id.txt);
            //为编辑框注册上下文菜单
            registerForContextMenu(txt);
    }
    public void onCreateContextMenu(ContextMenu menu,View source,
            ContextMenu.ContextMenuInfo menuInfo){
            menu.add(0, MENU1, 0, "红色");
            menu.add(0, MENU2, 0, "蓝色");
            menu.add(0, MENU3, 0, "绿色");
            //将三个菜单项设为单选菜单项
            menu.setGroupCheckable(0, true, true);
            menu.setHeaderTitle("选择背景色");
    }
    //菜单项被单击时触发该方法
    public boolean onContextItemSelected(MenuItem mi){
            switch(mi.getItemId()){
                    case MENU1:
                            mi.setChecked(true);
                            txt.setBackgroundColor(Color.RED);
                            break;
                    case MENU2:
                            mi.setChecked(true);
```

```
                        txt.setBackgroundColor(Color.BLUE);
                        break;
            case MENU3:
                        mi.setChecked(true);
                        txt.setBackgroundColor(Color.GREEN);
                        break;
        }
        return true;
    }
    @Override
    public boolean onCreateOptionsMenu(Menu menu) {
        // Inflate the menu; this adds items to the action bar if it is present.
        getMenuInflater().inflate(R.menu.main, menu);
        return true;
    }
}
```

运行程序，会出现图5-15的效果。当我们长按界面时，会呼出上下文菜单，如图5-16所示。然后单击菜单中的"红色"选项，结果如图5-17所示。

图5-15

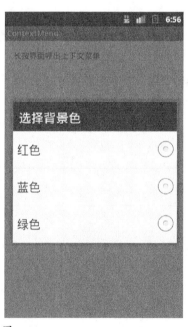

图5-16

图5-17

# 5.4 对话框

对话框是Activity运行时显示的小窗口，一般来说，对话框用于提示消息或弹出一个与程序主进程直接相关的小程序。在Android平台下主要支持以下4种对话框。

- 提示对话框AlertDialog：AlertDialog对话框可以包含若干按钮和一些可选的单选按钮和复选框。一般来说，AlertDialog能够满足常见的对话框用户界面的需求。
- 进度对话框ProgressDialog：ProgressDialog可以显示进度轮（wheel）和进度条（bar），由于ProgressDialog继承自AlertDialog，所以在进度对话框中也可以添加按钮。
- 日期选择对话框DatePickerDialog：DatePickerDialog对话框可以显示并允许用户选择日期。
- 时间选择对话框TimePickerDialog：TimePickerDialog对话框可以显示并允许用户选择时间。

## 5.4.1 普通对话框

AlertDialog的功能很强大，它提供了一些方法来生成4种预定义对话框。

- 带消息、带N个按钮的提示对话框。
- 带列表、带N个按钮的列表对话框。
- 带多个单选列表项、带N个按钮的对话框。
- 带多个多选列表项、带N个按钮的对话框。
- 除此之外，AlertDialog也可以创建界面自定义的对话框。使用AlertDialog创建对话框大致按如下步骤进行。
- 创建AlertDialog.Builder对象，该对象是AlertDialog的创建器。
- 调用AlertDialog.Builder的方法为对话框设置图标、标题、内容等。
- 调用AlertDialog.Builder的create()方法创建AlertDialog对话框。
- 调用AlertDialog的show()方法显示对话框。

下面通过一个实例来介绍AlertDialog的用法。该程序的界面布局很简单，故不给出界面布局文件。该程序的Java代码如下。

程序清单：5.4对话框\AlertDialogTest\src\com\example\ alertdialogtest \MainActivity.java

```
package com.example.alertdialogtest;
import android.app.Activity;
import android.app.AlertDialog;
import android.app.AlertDialog.Builder;
import android.content.DialogInterface;
import android.os.Bundle;
import android.view.Menu;
import android.view.View;
import android.view.View.OnClickListener;
import android.widget.Button;
import android.widget.EditText;
public class MainActivity extends Activity{
        private EditText txt;
        private Button button;
        protected void onCreate(Bundle savedInstancestate) {
                super.onCreate(savedInstanceState);
                setContentView(R.layout.activity_main);
```

```
        txt=(EditText)findViewById(R.id.txt);
        button=(Button)findViewById(R.id.button);
        //定义一个AlertDialog.Builder对象
        final Builder builder=new AlertDialog.Builder(MainActivity.this);
        button.setOnClickListener(new OnClickListener() {
            public void onClick(View v) {
                builder.setTitle("提示");
                //为对话框设置一个"确定"按钮
                builder.setPositiveButton("确定", new  DialogInterface.OnClickListener() {
                    public void onClick(DialogInterface dialog, int which) {
                        txt.setText("您单击了“确定”按钮");
                    }
                });
                //为对话框设置一个“取消”按钮
                builder.setNegativeButton("取消", new DialogInterface.OnClickListener(){
                    public void onClick(DialogInterface dialog, int which) {
                        txt.setText("您单击了"取消"按钮");
                    }
                });
                //创建并显示对话框
                builder.create().show();
            }
        });
    }
    @Override
    public boolean onCreateOptionsMenu(Menu menu) {
        // Inflate the menu; this adds items to the action bar if it is present.
        getMenuInflater().inflate(R.menu.main, menu);
        return true;
    }
}
```

运行程序，单击按钮后，弹出对话框，如图5-18所示。当单击对话框的“确定”按钮时，会出现如图5-19所示的效果。

图5-18

图5-19

## 5.4.2 列表对话框

列表对话框也属于AlertDialog，我们通过下面的例子来说明列表对话框的具体用法。该程序的界面布局很简单，故不给出界面布局文件。该程序的Java代码如下所示。

程序清单：5.4对话框\ListDialogTest\src\com\example\ listdialogtest \MainActivity.java

```java
package com.example.listdialogtest;
import android.app.Activity;
import android.app.AlertDialog;
import android.app.AlertDialog.Builder;
import android.content.DialogInterface;
import android.os.Bundle;
import android.view.Menu;
import android.view.View;
import android.view.View.OnClickListener;
import android.widget.Button;
import android.widget.EditText;
public class MainActivity extends Activity {
    private EditText txt;
    private Button button;
    protected void onCreate(Bundle savedInstanceState) {
        super.onCreate(savedInstanceState);
        setContentView(R.layout.activity_main);
        txt=(EditText)findViewById(R.id.txt);
```

```
button=(Button)findViewById(R.id.button);
final Builder builder=new AlertDialog.Builder(MainActivity.this);
button.setOnClickListener(new OnClickListener() {
        public void onClick(View v) {
                builder.setTitle("列表对话框");
                //为对话框设置多个列表
                builder.setItems(new String[]{"红色","蓝色","绿色"}, new DialogInterface.
OnClickListener() {
                        public void onClick(DialogInterface dialog, int which) {
                                switch(which){
                                        case 0:
                                                txt.setText("您选择了红色");
                                                break;
                                        case 1:
                                                txt.setText("您选择了蓝色");
                                                break;
                                        case 2:
                                                txt.setText("您选择了绿色");
                                                break;
                                }
                        }
                });
                //创建并显示对话框
                builder.create().show();
        }
});
}
@Override
public boolean onCreateOptionsMenu(Menu menu) {
        // Inflate the menu; this adds items to the action bar if it is present.
        getMenuInflater().inflate(R.menu.main, menu);
        return true;
}
}
```

运行程序，单击按钮后，弹出列表对话框，如图5-20所示。当单击列表对话框的"蓝色"选项时，会出现如图5-21所示的效果。

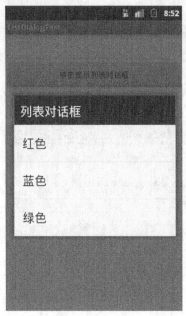
图5-20

图5-21

## 5.4.3 单选和复选对话框

单选按钮对话框和复选框同样是通过AlertDialog来实现，只要调用AlertDialog.Builder的setSingleChoiceItems方法即可创建一个单选列表对话框，调用AlertDialog.Builder的setMultieChoiceItems方法即可创建一个多选列表的对话框。本节我们仍然通过一个案例来学习单选和复选对话框的使用。

该程序的界面布局很简单，故不给出界面布局文件。该程序的Java代码如下所示。

程序清单：5.4对话框\RadioCheckDialogTest\src\com\example\radiocheckdialogtest \MainActivity.java

```
package com.example.radiocheckdialogtest;

import android.app.Activity;

import android.app.AlertDialog;

import android.app.AlertDialog.Builder;

import android.content.DialogInterface;

import android.os.Bundle;

import android.view.Menu;

import android.view.View;

import android.view.View.OnClickListener;

import android.widget.Button;

import android.widget.EditText;

public class MainActivity extends Activity {

    private EditText txt1;

    private EditText txt2;

    private Button button1;

    private Button button2;
```

```
final int RADIO_DIALOG=0x111;

final int CHECK_DIALOG=0x112;

final boolean[] checkstatus=new boolean[]{true,false,false};

String sex="您的性别： ";

String like="您的爱好： ";

protected void onCreate(Bundle savedInstanceState) {

        super.onCreate(savedInstanceState);

        setContentView(R.layout.activity_main);

        txt1=(EditText)findViewById(R.id.txt1);

        txt2=(EditText)findViewById(R.id.txt2);

        button1=(Button)findViewById(R.id.button1);

        button2=(Button)findViewById(R.id.button2);

        button1.setOnClickListener(new OnClickListener() {

                public void onClick(View v) {

                        Builder builder1=new AlertDialog.Builder(MainActivity.this);

                        builder1.setTitle("单选列表对话框");

                        //为对话框设置多个列表

                        builder1.setSingleChoiceItems(new String[]{"男","女"},0,new DialogInterface.

OnClickListener() {

                                public void onClick(DialogInterface dialog, int which) {

                                        switch(which){

                                                case 0:

                                                        sex="您的性别： 男";

                                                        txt1.setText(sex);

                                                        break;

                                                case 1:

                                                        sex="您的性别： 女";

                                                        txt1.setText(sex);

                                                        break;

                                        }

                                }

                        });

                        //添加一个"确定"按钮，用于关闭对话框

                        builder1.setPositiveButton("确定", null);

                        builder1.create().show();

                }

        });

        button2.setOnClickListener(new OnClickListener() {

                public void onClick(View v) {

                        Builder builder2=new AlertDialog.Builder(MainActivity.this);
```

```
                                    builder2.setTitle("复选列表对话框");
                                    //为对话框设置多个列表
                                    builder2.setMultiChoiceItems(new String[]{"编程","读书","音乐"},
checkstatus,new DialogInterface.OnMultiChoiceClickListener() {
                                            public void onClick(DialogInterface dialog, int which, boolean
isChecked) {
                                                    checkstatus[which]=isChecked;
                                            }
                                    });
                                    builder2.setPositiveButton("确定", new DialogInterface.OnClickListener() {
                                            public void onClick(DialogInterface dialog, int which) {
                                                    if(checkstatus[0]==true){
                                                            like+="编程";
                                                    }
                                                    if(checkstatus[1]==true){
                                                            like+="、读书";
                                                    }
                                                    if(checkstatus[2]==true){
                                                            like+="、音乐";
                                                    }
                                                    txt2.setText(like);
                                            }
                                    });
                                    builder2.create().show();
                            }
                    });
            }
        public boolean onCreateOptionsMenu(Menu menu) {
                // Inflate the menu; this adds items to the action bar if it is present.
                getMenuInflater().inflate(R.menu.main, menu);
                return true;
        }
    }
```

运行程序，分别单击两个按钮后，弹出两个列表对话框，如图5-22和图5-23所示。当单击列表对话框的"确定"按钮时，会出现如图5-24所示的效果。

图5-22

图5-23

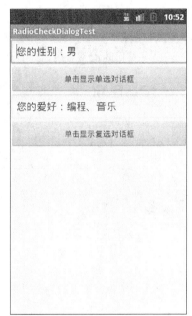

图5-24

# 5.5 知识与技能梳理

　　本章主要介绍了Android应用界面开发的相关知识。对于一个手机应用来说，它面临的最终用户都是不太懂软件的普通人，这批用户第一眼看到的就是软件界面，因此为Android系统提供一个友好的用户界面十分重要。学习本章需要重点掌握View的功能和用法，Android系统所有的UI组件也需要重点掌握。除此之外，用户界面少不了需要对话框与菜单，Android为对话框提供了AlertDialog类，为菜单支持提供了SubMenu、ContextMenu、MenuItem等API。读者必须掌握这些API的用法，并能通过它们为Android应用添加菜单支持。

## 实训4　布局手机计算器

### 一、实训目的

（1）巩固读者对Android UI常用基本控件的认识，熟练掌握Android UI常用基本控件的使用方法。

（2）通过本章实训，让读者在Android环境下开发UI界面，为以后进行Android应用程序的开发打好基础。

（3）在实训过程中，突出实践技能，注重读者的需求沟通和需求分析能力的培养。

### 二、实训内容

（1）准备数字0~9和"+"，"-"，"*"，"/"，"="，"DEL（清除）"，"背景"17张图片素材，如图5-25所示。

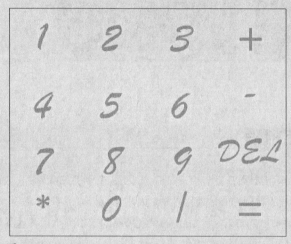

图 5-25

（2）新建工程，将图片资源导入该工程中。

（3）编写界面布局文件：选择合适的布局方式，添加一个编辑框，设为不可输入状态，再添加需要的按钮控件，把每个按钮的背景图片换为导入的图片。

### 三、参考代码

```
<LinearLayout xmlns:android="http://schemas.android.com/apk/res/android"
    xmlns:tools="http://schemas.android.com/tools"
    android:layout_width="match_parent"
    android:layout_height="match_parent"
    android:orientation="vertical"
    android:background="@drawable/bg"
    tools:context=".MainActivity" >
    <LinearLayout
        android:layout_width="match_parent"
        android:layout_height="wrap_content"
```

```
        android:layout_weight="2"
        android:orientation="horizontal" >
      <EditText
        android:id="@+id/editText1"
        android:layout_width="match_parent"
        android:layout_height="wrap_content"
        android:layout_weight="1"
        android:gravity="right"
        android:layout_gravity="center_vertical"
        android:enabled="false"
        android:textSize="60dp"
                          android:textColor="@android:color/background_light"
        android:width="0px" >
      </EditText>
    </LinearLayout>
    <LinearLayout
        android:layout_width="match_parent"
        android:layout_height="wrap_content"
        android:layout_weight="1"
        android:orientation="horizontal" >
      <Button
        android:id="@+id/bt1"
        android:layout_width="match_parent"
        android:layout_height="wrap_content"
        android:layout_weight="1"
        android:background="@drawable/num1"/>
      <Button
        android:id="@+id/bt2"
        android:layout_width="match_parent"
        android:layout_height="wrap_content"
        android:layout_weight="1"
        android:background="@drawable/num2"/>
      <Button
        android:id="@+id/bt3"
        android:layout_width="match_parent"
        android:layout_height="wrap_content"
        android:layout_weight="1"
        android:background="@drawable/num3"/>
      <Button
```

```
            android:id="@+id/btadd"
            android:layout_width="match_parent"
            android:layout_height="wrap_content"
            android:layout_weight="1"
            android:background="@drawable/add"/>
    </LinearLayout>
    <LinearLayout
        android:layout_width="match_parent"
        android:layout_height="wrap_content"
        android:layout_weight="1"
        android:orientation="horizontal" >
        <Button
            android:id="@+id/bt4"
            android:layout_width="match_parent"
            android:layout_height="wrap_content"
            android:layout_weight="1"
            android:background="@drawable/num4"/>
        <Button
            android:id="@+id/bt6"
            android:layout_width="match_parent"
            android:layout_height="wrap_content"
            android:layout_weight="1"
            android:background="@drawable/num6"/>
        <Button
            android:id="@+id/bt6"
            android:layout_width="match_parent"
            android:layout_height="wrap_content"
            android:layout_weight="1"
            android:background="@drawable/num6"/>
        <Button
            android:id="@+id/btsub"
            android:layout_width="match_parent"
            android:layout_height="wrap_content"
            android:layout_weight="1"
            android:background="@drawable/sub"/>
    </LinearLayout>
    <LinearLayout
        android:layout_width="match_parent"
        android:layout_height="wrap_content"
```

```
      android:layout_weight="1"
      android:orientation="horizontal" >
      <Button
        android:id="@+id/bt7"
        android:layout_width="match_parent"
        android:layout_height="wrap_content"
        android:layout_weight="1"
        android:background="@drawable/num7" />
      <Button
        android:id="@+id/bt8"
        android:layout_width="match_parent"
        android:layout_height="wrap_content"
        android:layout_weight="1"
        android:background="@drawable/num8"/>
      <Button
        android:id="@+id/bt9"
        android:layout_width="match_parent"
        android:layout_height="wrap_content"
        android:layout_weight="1"
        android:background="@drawable/num9"/>
      <Button
        android:id="@+id/btdel"
        android:layout_width="match_parent"
        android:layout_height="wrap_content"
        android:layout_weight="1"
        android:background="@drawable/clean"/>
    </LinearLayout>
    <LinearLayout
      android:layout_width="match_parent"
      android:layout_height="wrap_content"
      android:layout_weight="1"
      android:orientation="horizontal" >
      <Button
        android:id="@+id/btmul"
        android:layout_width="match_parent"
        android:layout_height="wrap_content"
        android:layout_weight="1"
        android:background="@drawable/mul"/>
      <Button
```

```
        android:id="@+id/btling"
        android:layout_width="match_parent"
        android:layout_height="wrap_content"
        android:layout_weight="1"
        android:background="@drawable/num0" />
    <Button
        android:id="@+id/btdiv"
        android:layout_width="match_parent"
        android:layout_height="wrap_content"
        android:layout_weight="1"
        android:background="@drawable/div"/>
    <Button
        android:id="@+id/btresult"
        android:layout_width="match_parent"
        android:layout_height="wrap_content"
        android:layout_weight="1"
        android:background="@drawable/result"/>
  </LinearLayout>
</LinearLayout>
```

## 四、模拟运行结果

运行结果如图5-26所示。

图 5-26

# 第6章

# 6

# Android——UI常用高级控件

为了帮助用户开发友好的用户界面，Android除了为我们提供基本界面组件之外，还为我们提供了高级的界面组件，系统提供的UI组件越多，开发用户界面就越方便。同时，与界面编程紧密相关的知识就是用户在程序界面上执行操作时，应用程序为用户动作提供的响应。本章将带领大家一起学习Android系统提供的UI常用高级组件，以及Android事件处理的各种实现细节，有助于读者开发出界面友好、人机交互良好的Android应用。

## 知识技能目标

- ➥ 了解用户界面高级控件的使用方法
- ➥ 了解Android的事件处理机制
- ➥ 掌握ScrollView、ListView和GridView的功能与用法
- ➥ 掌握ProgressBar、SeekBar和RatingBar的功能与方法
- ➥ 理解基于监听和回调的事件处理模式
- ➥ 掌握事件与事件监听器接口
- ➥ 掌握实现监听器的方式
- ➥ 掌握基于回调的事件传播
- ➥ 掌握常见的事件回调方法

# 6.1 UI界面视图

## 6.1.1 滚动视图(ScrollView)

滚动视图ScrollView类继承自FrameLayout类，因此，实际上它是一个帧布局，同样位于android.widget包下。当需要显示的信息在一个屏幕内显示不下时，在屏幕上会自动生成一个滚动条，以达到用户可以对其进行滚动、显示更多信息的目的。ScrollView控件的使用与普通布局没有太大的区别，可以在XML中进行配置，也可以通过java代码进行设置。在ScrollView控件中可以添加任意满足条件的控件，当一个屏幕显示不下其中所包含的信息时，便会自动添加滚动功能。

需要注意的是，ScrollView中同一时刻只能包含一个View。默认情况下，ScrollView只是为其他组件添加垂直滚动条，如果应用需要添加水平滚动条，则可以借助另一个滚动视图HorizontalScrollView来实现。

接下来的程序示范了ScrollView的用法，下面是界面布局所使用的布局文件。

程序清单：6.1 UI界面视图\ ScrollViewTest\res\layout\activity_main.xml

```
<ScrollView xmlns:android="http://schemas.android.com/apk/res/android"
    xmlns:tools="http://schemas.android.com/tools"
    android:layout_width="match_parent"
    android:layout_height="match_parent"
    tools:context=".MainActivity" >
    <LinearLayout
```

```
        android:layout_width="match_parent"
        android:layout_height="match_parent"
        android:orientation="vertical">
        <TextView
            android:layout_width="wrap_content"
            android:layout_height="wrap_content"
            android:text="滚动视图"/>
        <TextView
            android:layout_width="wrap_content"
            android:layout_height="wrap_content"
            android:text="滚动视图"/>
        <!—省略多个TextView组件 -->
    </LinearLayout>
</ScrollView>
```

上面的界面布局实现了界面的垂直滚动,使用Activity显示上面的界面布局,将看到如图6-1所示的界面。

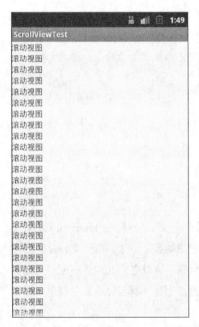

图6-1

## 6.1.2  列表视图(ListView)

ListView是手机系统中使用非常广泛的一种组件,它以垂直列表的形式显示所有列表项。创建ListView有两种方式:

- 直接使用ListView进行创建
- 让Activity继承ListActivity

一旦在程序中获得了ListView之后,接下来就需要为ListView设置它要显示的列表项,这就需要借助于内容Adapter了,内容Adapter负责提供需要显示的列表项。下面通过一个实例来示范ListView的功能和用法。

下面的界面布局中定义了一个ListView。

程序清单：6.1 UI界面视图\ ListViewTest\res\layout\activity_main.xml

```
<LinearLayout xmlns:android="http://schemas.android.com/apk/res/android"
    xmlns:tools="http://schemas.android.com/tools"
    android:layout_width="match_parent"
    android:layout_height="match_parent"
    android:orientation="vertical"
    tools:context=".MainActivity" >
    <ListView
        android:id="@+id/listview"
        android:layout_width="match_parent"
        android:layout_height="match_parent"/>"
</LinearLayout>
```

接下来要为ListView提供一个内容Adapter，这个Adapter决定ListView所显示的列表项，程序如下所示。

程序清单：6.1 UI界面视图\ListViewTest\src\com\example\listviewtest \MainActivity.java

```java
package com.example.listviewtest;
import java.util.List;
import android.app.Activity;
import android.os.Bundle;
import android.view.Menu;
import android.widget.ArrayAdapter;
import android.widget.ListView;
public class MainActivity extends Activity {
    private ListView listview;
    private List<String> date;
    private ArrayAdapter adapter;
    protected void onCreate(Bundle savedInstanceState) {
        super.onCreate(savedInstanceState);
        setContentView(R.layout.activity_main);
        //定义一个数组
        String[] str=new String[]{"列表第1行","列表第2行","列表第3行","列表第4行","列表第5行","列表第6行"};
        //将数组包装ArrayAdapter
        adapter=new ArrayAdapter(MainActivity.this,android.R.layout.simple_list_item_1,str);
        listview =(ListView)findViewById(R.id.listview);
        //为ListView设置Adapter
        listview.setAdapter(adapter);
    }
    @Override
    public boolean onCreateOptionsMenu(Menu menu) {
```

```
            // Inflate the menu; this adds items to the action bar if it is present.

            getMenuInflater().inflate(R.menu.main, menu);

            return true;

        }

    }
```

上面的程序中创建了一个ArrayAdapter，创建ArrayAdapter时必须指定一个textViewResourceId，该参数决定每个列表项的外观形式。Android为该属性提供了如下属性值。

- simple_list_item_1：每个列表项都是一个普通的TextView。
- simple_list_item_2：每个列表项都是一个普通的TextView（字体略大）。
- simple_list_item_checked：每个列表项都是一个已勾选的列表项。
- simple_list_item_multiple_choice：每个列表项都是带多选框的文本。
- simple_list_item_single_choice：每个列表项都是带单选按钮的文本。
- 运行上面的程序将看到如图6-2所示的画面。

图6-2

## 6.1.3  网格视图(GridView)

GridView用于在界面上按行、列分布的方式来显示多个组件。

GridView和ListView有共同的父类：AbsListView，因此，GridView和ListView具有一定的相似性。GridView与ListView的主要区别在于：ListView只是在一个方向上分布，而GridView则会在两个方向上分布。

与ListView类似的是，GridView也需要通过Adapter来提供显示的数据。开发者既可通过SimpleAdapter来为GridView提供数据，也可通过开发BaseAdapter的子类来为GridView提供数据。不管使用哪种方式，GridView与ListView的用法基本是一致的。GridView提供了如表6-1所示的常用XML属性。

表6-1

| XML属性 | 相关方法 | 说明 |
| --- | --- | --- |
| android:columnWidth | setColumnWidth(int) | 设置列的宽度 |
| android:gravity | setGravity(int) | 设置对齐方式 |
| android:horizontalSpacing | setHorizontalSpacing(int) | 设置各元素之间的水平间距 |
| android:verticalSpacing | setVerticalSpacing(int) | 设置各元素之间的垂直间距 |
| android:numColumn | setNumColumn(int) | 设置列数（默认为1） |
| android:stretchMode | setStretchMode(int) | 设置拉伸模式 |

下面通过一个简单的例子来介绍GridView的用法，本例采用SimpleAdapter为GridView提供数据。本例将会采用一个GridView以行、列的形式来组织所有图片的预览视图，然后程序用一个ImageView来显示图片。

下面是本实例所使用的界面布局文件。

程序清单：6.1 UI界面视图\ GridViewTest\res\layout\activity_main.xml

```
<LinearLayout xmlns:android="http://schemas.android.com/apk/res/android"
    xmlns:tools="http://schemas.android.com/tools"
    android:layout_width="match_parent"
    android:layout_height="match_parent"
    android:orientation="vertical"
    tools:context=".MainActivity" >
    <GridView
        android:id="@+id/gridview"
        android:layout_width="match_parent"
        android:layout_height="wrap_content"
        android:horizontalSpacing="2pt"
        android:verticalSpacing="2pt"
        android:numColumns="4"
        android:gravity="center"/>
    <ImageView
        android:id="@+id/imageview1"
        android:layout_width="match_parent"
        android:layout_height="150dp"/>
</LinearLayout>
```

上面的界面布局文件中只是简单地定义了一个GridView，一个ImageView。定义GridView是指定了android:numColumns="4"，这意味着该网格包含4列。下面是主程序代码。

程序清单：6.1 UI界面视图\GridViewTest\src\com\example\gridtviewtest \MainActivity.java

```java
package com.example.gridviewtest;
import java.util.ArrayList;
import java.util.HashMap;
import java.util.List;
import java.util.Map;
import android.app.Activity;
import android.os.Bundle;
import android.view.Menu;
import android.view.View;
import android.widget.AdapterView;
import android.widget.AdapterView.OnItemClickListener;
import android.widget.GridView;
import android.widget.ImageView;
import android.widget.SimpleAdapter;
public class MainActivity extends Activity {
    private GridView gridview;
    private ImageView imageview;
    int[] images=new int[]
    {
            R.drawable.a,R.drawable.b,R.drawable.c,R.drawable.d,
            R.drawable.e,R.drawable.f,R.drawable.g,R.drawable.h,
            R.drawable.i,R.drawable.j,R.drawable.k,R.drawable.l
    };
    protected void onCreate(Bundle savedInstanceState) {
            super.onCreate(savedInstanceState);
            setContentView(R.layout.activity_main);
            gridview=(GridView)findViewById(R.id.gridview);
            imageview=(ImageView)findViewById(R.id.imageview1);
            //创建一个List集合，List集合的元素是Map
            List<Map<String,Object>> listItems=new ArrayList<Map<String,Object>>();
            for (int i = 0; i < images.length; i++)
            {
                Map<String, Object> map = new HashMap<String, Object>();
                map.put("img", images[i]);
                listItems.add(map);
            }
            //创建一个SimpleAdapter
            SimpleAdapter saImageItems = new SimpleAdapter(this,
                    listItems,            // 数据源
```

```
                    R.layout.cell,        // 界面布局
                    new String[] {"img"},
                    new int[] { R.id.imageview2}
            );
            gridview.setAdapter(saImageItems);
            //列表项被单击事件
            gridview.setOnItemClickListener(new OnItemClickListener() {
                    public void onItemClick(AdapterView<?> parent, View view, int position,
                                    long id) {
                            //显示被单击的图片
                            imageview.setImageResource(images[position]);
                    }
            });
    }
    @Override
    public boolean onCreateOptionsMenu(Menu menu) {
            // Inflate the menu; this adds items to the action bar if it is present.
            getMenuInflater().inflate(R.menu.main, menu);
            return true;
    }
}
```

上面的粗体字代码创建SimpleAdapter时指定了使用R.Layout.cell作为界面布局文件，因此还需要在res/layout目录下定义一个cell.xml界面布局文件，该文件中只包含一个简单的ImageView组件，代码如下：

程序清单：6.1 UI界面视图\ GridViewTest\res\layout\cell.xml

```xml
<?xml version="1.0" encoding="utf-8"?>
<LinearLayout xmlns:android="http://schemas.android.com/apk/res/android"
    android:layout_width="match_parent"
    android:layout_height="match_parent"
    android:orientation="vertical" >
<ImageView
        android:id="@+id/imageview2"
        android:layout_width="48dp"
        android:layout_height="48dp"/>
</LinearLayout>
```

运行上面的程序将看到界面上显示了12张图片预览（由GridView提供支持），如图6-3所示。单击任何一张图片预览，下面的ImageView将会显示对应的图片，如图6-4所示。

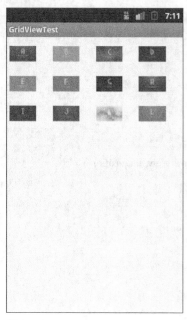

图6-3

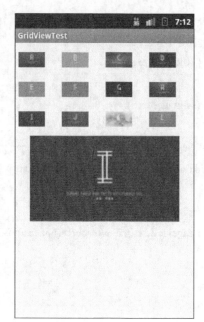

图6-4

# 6.2 滑块控件与进度条

## 6.2.1 ProgressBar

进度条是UI界面中的一种非常实用的组件，通常用于向用户显示某个耗时操作完成的百分比。因此进度条可以动态地显示进度，避免长时间地执行某个耗时操作时，让用户感觉程序失去了响应，从而更好地提高用户界面的友好性。

Android支持几种风格的进度条，通过style属性可以为ProgressBar指定风格。该属性可支持如下几个属性值。

- @android:style/Widget.ProgressBar.Horizontal：水平进度条。
- @android:style/Widget.ProgressBar.Inverse：不断跳跃、旋转画面的进度条。
- @android:style/Widget.ProgressBar.Large：大进度条。
- @android:style/Widget.ProgressBar.Large.Inverse：不断跳跃、旋转画面的大进度条。
- @android:style/Widget.ProgressBar.Small：小进度条。
- @android:style/Widget.ProgressBar.Small.Inverse：不断跳跃、旋转画面的小进度条。

除此之外，ProgressBar还支持如表6-2所示的常用XML属性。

表6-2

| XML属性 | 说明 |
| --- | --- |
| android:max | 设置进度条最大值 |
| android:progress | 设置进度条的已完成进度值 |

（续表）

| XML属性 | 说明 |
| --- | --- |
| android:progressDrawable | 设置进度条的轨道的绘制形式 |
| android:progressBarStyle | 默认进度条样式 |
| android:progressBarStyleHorizontal | 水平进度条样式 |
| android:progressBarStyleLarge | 大进度条样式 |
| android:progressBarStyleSmall | 小进度条样式 |

下面的程序简单示范了进度条的用法，该程序的界面布局文件只是定义了一个简单的进度条，并指定style属性为android:progressBarStyleHorizontal，即水平进度条。界面布局文件如下所示。

程序清单：6.2滑块控件与进度条\ ProgressBarTest\res\layout\activity_main.xml

```
<LinearLayout xmlns:android="http://schemas.android.com/apk/res/android"
    xmlns:tools="http://schemas.android.com/tools"
    android:layout_width="match_parent"
    android:layout_height="match_parent"
    android:orientation="vertical"
    tools:context=".MainActivity" >
    <TextView
        android:id="@+id/textview"
        android:layout_width="match_parent"
        android:layout_height="wrap_content"
        android:textSize="30dp"/>
    <ProgressBar
        android:id="@+id/progressbar"
        android:layout_width="match_parent"
        android:layout_height="wrap_content"
        android:max="100"
        style="@android:style/Widget.ProgressBar.Horizontal"/>
</LinearLayout>
```

上面的布局文件中定义了一个文本框和一个进度条，下面的主程序用一个任务模拟了耗时操作，并以进度条来标识任务的完成百分比，主程序如下所示。

程序清单：6.2滑块控件与进度条\ProgressBarTest\src\com\example\progressbartest \MainActivity.java

```
package com.example.progressbartest;
import android.app.Activity;
import android.os.Bundle;
```

```java
import android.os.Handler;
import android.os.Message;
import android.view.Menu;
import android.widget.ProgressBar;
import android.widget.TextView;
public class MainActivity extends Activity {
    private TextView textview;
    private ProgressBar progressbar;
    int current=0;
    private Thread thread;
    protected void onCreate(Bundle savedInstanceState) {
        super.onCreate(savedInstanceState);
        setContentView(R.layout.activity_main);
        textview=(TextView)findViewById(R.id.textview);
        progressbar=(ProgressBar)findViewById(R.id.progressbar);
        //创建一个负责更新进度的Handler
        final Handler handler = new Handler() {
          public void handleMessage(Message msg) {
                if(msg.what==0x111){
                        progressbar.setProgress(current);
                        textview.setText("当前进度:"+String.valueOf(current)+"/"+String.
valueOf(progressbar.getMax()));
                }
                    super.handleMessage(msg);
            }
        };
        thread = new Thread() {
                public void run() {
                        while (current<progressbar.getMax()) {
                                ++current;
                                //发送消息到Handler
                                Message m=new Message();
                                m.what=0x111;
                                handler.sendMessage(m);
                                try {
                                        thread.sleep(100);
                                } catch (InterruptedException e) {
                                        e.printStackTrace();
                                }
                        }
```

```
                }
            };
            thread.start();
        }
        @Override
        public boolean onCreateOptionsMenu(Menu menu) {
                // Inflate the menu; this adds items to the action bar if it is present.
                getMenuInflater().inflate(R.menu.main, menu);
                return true;
        }
    }
```

运行程序，程序效果如图6-5所示。

图6-5

## 6.2.2  SeekBar

拖动条和进度条非常相似，只是进度条采用颜色填充来表达进度完成的程度，而拖动条则通过滑块的位置来标识数值，而且拖动条允许用户拖动滑块来改变值，因此拖动条通常用于对系统的某种数值进行调节，比如音量调节。下面通过一个示例程序来示范SeekBar的功能和用法。

程序清单：6.2滑块控件与进度条\ SeekBarTest\res\layout\activity_main.xml

```
<LinearLayout xmlns:android="http://schemas.android.com/apk/res/android"
  xmlns:tools="http://schemas.android.com/tools"
  android:layout_width="match_parent"
  android:layout_height="match_parent"
  android:orientation="vertical"
  tools:context=".MainActivity" >
<TextView
    android:id="@+id/textview"
```

```
            android:layout_width="match_parent"
            android:layout_height="wrap_content"
            android:textSize="30dp"
            android:text="当前进度: "/>
    <SeekBar
            android:id="@+id/seekbar"
            android:layout_width="match_parent"
            android:layout_height="wrap_content"
            android:max="100"/>
</LinearLayout>
```

上面的程序定义了一个拖动条，并且最大值为100，还定义了一个文本框用于显示拖动条的滑块位置。下面是示例的主程序，程序只要为拖动条绑定一个监听器，当滑块位置改变时，动态改变文本框的值。

程序清单: 6.2滑块控件与进度条\SeekBarTest\src\com\example\seekbartest \MainActivity.java

```java
package com.example.seekbartest;
import android.app.Activity;
import android.os.Bundle;
import android.view.Menu;
import android.widget.SeekBar;
import android.widget.SeekBar.OnSeekBarChangeListener;
import android.widget.TextView;
public class MainActivity extends Activity {
    private TextView textview;
    private SeekBar seekbar;
    protected void onCreate(Bundle savedInstanceState) {
            super.onCreate(savedInstanceState);
            setContentView(R.layout.activity_main);
            textview=(TextView)findViewById(R.id.textview);
            seekbar=(SeekBar)findViewById(R.id.seekbar);
            seekbar.setOnSeekBarChangeListener(new OnSeekBarChangeListener() {
                    @Override
                    public void onStopTrackingTouch(SeekBar seekBar) {
                    }
                    public void onStartTrackingTouch(SeekBar seekBar) {
                    }
                    //当拖动条的滑块位置改变时触发该方法
                    public void onProgressChanged(SeekBar seekBar, int progress,
                                    boolean fromUser) {
                            textview.setText("当前进度: "+String.valueOf(progress));
                    }
            });
```

```
    }
    @Override
    public boolean onCreateOptionsMenu(Menu menu) {
        // Inflate the menu; this adds items to the action bar if it is present.
        getMenuInflater().inflate(R.menu.main, menu);
        return true;
    }
}
```

运行程序，改变拖动条滑块的位置，程序效果如图6-6所示。

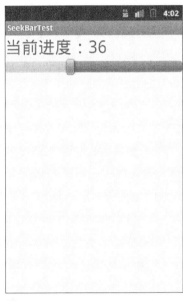

图6-6

## 6.2.3  RatingBar

星级评分条与拖动条十分相似，它们甚至有相同的父类：AbsSeekBar。实际上星级评分条与拖动条的用法、功能都十分接近，它们都允许用户通过拖动来改变进度。RatingBar与SeekBar的最大区别在于RatingBar通过星星来表示进度。表6-3显示了星级评分条所支持的常见XML属性。

表6-3

| XML属性 | 说明 |
| --- | --- |
| android:isIndicator | 设置星级评分条是否允许用户改变 |
| android:numStars | 设置星级评分条总共有多少个星级 |
| android:rating | 设置星级评分条默认的星级 |
| android:stepSize | 设置每次最少需要改变多少个星级 |

下面通过一个示例程序来示范RatingBar的功能和用法。

程序清单：6.2滑块控件与进度条\ RatingBarTest\res\layout\activity_main.xml

```xml
<LinearLayout xmlns:android="http://schemas.android.com/apk/res/android"
    xmlns:tools="http://schemas.android.com/tools"
    android:layout_width="match_parent"
    android:layout_height="match_parent"
    android:orientation="vertical"
    tools:context=".MainActivity" >
    <TextView
        android:id="@+id/textview"
        android:layout_width="match_parent"
        android:layout_height="wrap_content"
        android:textSize="30dp"
        android:text="当前进度：2.5"/>
    <RatingBar
        android:id="@+id/ratingbar"
        android:layout_width="wrap_content"
        android:layout_height="wrap_content"
        android:max="100"
        android:progress="50"
        android:numStars="5"
        android:stepSize="0.5"/>
</LinearLayout>
```

上面的程序定义了一个星级评分条，并且最大值为100，当前值为50，一共有5颗星，还定义了一个文本框用于显示星级评分条的值。下面是示例的主程序，程序只要为星级评分条绑定一个监听器，用于监听星级评分条的星级改变，并且动态改变文本框的值。

程序清单：6.2滑块控件与进度条\RatingBarTest\src\com\example\ratingbartest \MainActivity.java

```java
package com.example.raningbartest;
import android.app.Activity;
import android.os.Bundle;
import android.view.Menu;
import android.widget.RatingBar;
import android.widget.RatingBar.OnRatingBarChangeListener;
import android.widget.TextView;
public class MainActivity extends Activity {
    private TextView textview;
    private RatingBar ratingbar;
    protected void onCreate(Bundle savedInstanceState) {
        super.onCreate(savedInstanceState);
        setContentView(R.layout.activity_main);
```

```
        textview=(TextView)findViewById(R.id.textview);
        ratingbar=(RatingBar)findViewById(R.id.ratingbar);
        ratingbar.setOnRatingBarChangeListener(new OnRatingBarChangeListener() {
                //当拖动条的滑块位置改变时触发该方法
                public void onRatingChanged(RatingBar ratingBar, float rating,
                            boolean fromUser) {
                        textview.setText("当前进度： "+String.valueOf(rating));

                }
        });
    }
    @Override
    public boolean onCreateOptionsMenu(Menu menu) {
        // Inflate the menu; this adds items to the action bar if it is present.
        getMenuInflater().inflate(R.menu.main, menu);
        return true;
    }
}
```

运行程序，改变星级评分条的星级，程序效果如图6-7所示。

图6-7

# 6.3　UI界面事件处理

## 6.3.1　事件处理机制

不管是桌面应用还是手机应用程序，面对最多的就是用户，经常需要处理的就是用户动作——也就是需要为用户动作提供响应，这种为用户动作提供响应的机制就是事件处理。

Android提供了强大的事件处理机制，包括两套事件处理机制：

- 基于监听的事件处理。
- 基于回调的事件处理。

对于Android基于监听的事件处理而言，主要做法就是为Android界面组件绑定特定的时间监听器，前面的章节我们已经见到大量这种事件处理的示例。

对于Android基于回调的时间处理而言，主要做法就是重写Android组件特定的回调方法，或者重写Activity的回调方法。Android为绝大部分界面组件都提供了事件响应的回调方法，开发者只要重写它们即可。

一般来说，基于回调的事件处理可用于处理一些具有通用性的事件，基于回调的事件处理代码会显得比较简洁。但对于某些特定的事件，无法使用基于回调的事件处理，只能采用基于监听的事件处理。

## 6.3.2　基于监听接口的事件处理

- onKeyDown

onKeyDown方法是接口KeyEvent.Callback中的抽象方法，所有的View全部实现了该接口并重写了该方法，该方法用了捕捉手机键盘被按下的事件。方法的声明格式如下所示。

public boolean onKeyDown(int KeyCode,KeyEvent event)

参数KeyCode，是指被按下的键值即键盘码，手机键盘中每个按钮都有其单独的键盘码，在应用程序中，都是通过键盘码才知道用户按下的是哪个键。参数Event，是指按键事件的对象，其中包含了触发事件的详细信息，例如事件的状态、事件的类型、事件发生的时间等。当用户按下按键时，系统会自动将事件封装成KeyEvent对象供应用程序使用。

下面以一个示例程序来示范onKeyDown的用法，本示例程序非常简单，只有一个文本框用于显示内容，故不再给出界面布局文件，本程序的java代码如下所示。

程序清单：6.3UI界面事件处理\OnKeyDownTest\src\com\example\onkeydowntest \MainActivity.java

```
package com.example.onkeydowntest;
import android.app.Activity;
import android.os.Bundle;
import android.view.KeyEvent;
import android.view.Menu;
import android.widget.TextView;
public class MainActivity extends Activity {
    private TextView textview;
    protected void onCreate(Bundle savedInstanceState) {
            super.onCreate(savedInstanceState);
            setContentView(R.layout.activity_main);
            textview=(TextView)findViewById(R.id.textview);
```

```
    }
    //重写键盘按下监听
    public boolean onKeyDown(int keycode,KeyEvent event){
            textview.setText("已监听到按键被按下");
            return true;
    }
    @Override
    public boolean onCreateOptionsMenu(Menu menu) {
            // Inflate the menu; this adds items to the action bar if it is present.
            getMenuInflater().inflate(R.menu.main, menu);
            return true;
    }
}
```

运行程序，效果如图6-8所示，然后按下右侧键盘按键，将得到如图6-9所示的效果。

图6-8                                 图6-9

■  onTouchEvent

onTouchEvent事件方法是手机屏幕事件的处理方法。该方法在View类中定义，并且所有的View子类全部重写了该方法，应用程序可以通过该方法处理手机屏幕的触摸事件。该方法的声明格式如下所示。

public boolean onTouchEvent(MotionEvent event)

该方法并不像之前介绍的方法只处理一种事件，通常以下三种情况的事件全部由OnTouchEvent方法处理，只是三种情况中的动作值不同。

（1）屏幕被按下事件：当屏幕被按下时，会自动调用该方法来处理事件，此时MotionEvent.getAction()的值为MotionEvent.ACTION_DOWN。

（2）屏幕被抬起事件：当手指离开屏幕时触发的事件，该事件同样需要onTouchEvent方法来捕捉，然后在方法中进行动作判断。当MotionEvent.getAction()的值为MotionEvent.ACTION_UP时，表示是屏幕被抬起的事件。

（3）在屏幕中拖动事件：该方法还负责处理手指在屏幕上滑动的事件，同样是调用MotionEvent.getAction()方法来判断动作值是否为MotionEvent.ACTION_MOVE再进行处理。

下面我们通过一个示例来示范OnTouchEvent的用法，该程序中，当用户在屏幕上滑动手指时，会在文本框中显示当前的坐标。由于该程序的界面布局非常简单，只有两个文本框和两个编辑框，故不再给出界面布局文件，本程序java代码如下所示。

程序清单：6.3UI界面事件处理\OnTouchEventTest\src\com\example\ontoucheventtest \MainActivity.java

```java
package com.example.ontoucheventtest;
import android.app.Activity;
import android.os.Bundle;
import android.view.Menu;
import android.view.MotionEvent;
import android.widget.EditText;
public class MainActivity extends Activity {
    private EditText edittext1;
    private EditText edittext2;
    protected void onCreate(Bundle savedInstanceState) {
            super.onCreate(savedInstanceState);
            setContentView(R.layout.activity_main);
            edittext1=(EditText)findViewById(R.id.edittext1);
            edittext2=(EditText)findViewById(R.id.edittext2);
    }
    //重写屏幕监听方法
    public boolean onTouchEvent(MotionEvent event){
            if(event.getAction()==MotionEvent.ACTION_MOVE){
                    edittext1.setText(String.valueOf(event.getX()));
                    edittext2.setText(String.valueOf(event.getY()));
            }
            return true;
    }
    @Override
    public boolean onCreateOptionsMenu(Menu menu) {
            // Inflate the menu; this adds items to the action bar if it is present.
            getMenuInflater().inflate(R.menu.main, menu);
            return true;
    }
}
```

运行程序，单击鼠标在屏幕上滑动，将会看到两个编辑框中的数值发生变化，效果如图6-10所示。

图6-10

■ onFocusChanged

onFocusChanged只能在View中重写。该方法是焦点改变的回调方法，当某个控件重写了该方法后，焦点发生变化时，会自动调用该方法来处理焦点改变的事件。该方法的声明格式如下：

protected void onFocusChanged (boolean gainFocus, int direction, Rect previously FocusedRect)

参数gainFocus：参数gainFocus表示触发该事件的View是否获得了焦点，当该控件获得焦点时，gainFocus等于true，否则等于false。

参数direction：参数direction表示焦点移动的方向，用数值表示，有兴趣的读者可以重写View中的该方法打印该参数来进行观察。

参数previouslyFocusedRect：表示在触发事件的View的坐标系中，前一个获得焦点的矩形区域，即表示焦点是从哪里来的。如果不可用则为null。

接下来通过一个简单的案例来介绍该方法的使用方法，该案例是向窗口中依次添加四个按钮，然后观察各个按钮获得焦点或失去焦点时Toast显示的信息。本程序java代码如下所示。

程序清单：6.3UI界面事件处理\OnFocusChangedTest\src\com\example\onfocuschangedtest \MainActivity.java

```java
package com.example.onfocuschangedtest;
import android.app.Activity;
import android.content.Context;
import android.graphics.Rect;
import android.os.Bundle;
import android.widget.Button;
import android.widget.LinearLayout;
import android.widget.Toast;
public class MainActivity extends Activity {
    MyButton myButton01;
    MyButton myButton02;
```

```
MyButton myButton03;
MyButton myButton04;
public void onCreate(Bundle savedInstanceState) {
        super.onCreate(savedInstanceState);
        myButton01 = new MyButton(this);
        myButton02 = new MyButton(this);
        myButton03 = new MyButton(this);
        myButton04 = new MyButton(this);
        myButton01.setText("自定义按钮1");
        myButton02.setText("自定义按钮2");
        myButton03.setText("自定义按钮3");
        myButton04.setText("自定义按钮4");
        //创建一个线性布局
        LinearLayout LinearLayout1 = new LinearLayout(this);
        //设置其布局方式
        LinearLayout1.setOrientation(LinearLayout.VERTICAL);
        //将myButton01添加到布局中
        LinearLayout1.addView(myButton01);
        LinearLayout1.addView(myButton02);
        LinearLayout1.addView(myButton03);
        LinearLayout1.addView(myButton04);
        //设置当前的用户界面
        setContentView(LinearLayout1);
}
//自定义Button
class MyButton extends Button{
        public MyButton(Context context) {
                super(context);
        }
        protected void onFocusChanged(boolean focused, int direction, Rect previouslyFocusedRect) {
                Toast.makeText(getContext(), this.getText(), Toast.LENGTH_LONG).show();
        }
}
}
```

运行程序，效果如图6-11所示。单击模拟器右侧键盘按键的下方向键，按钮焦点发生变化，将会出现如图6-12所示的效果。

图6-11                     图6-12

## 6.3.3 基于回调的事件处理

■ OnClickListener、OnLongClickListener

对于一个Android应用程序来说，事件处理是必不可少的，用户与应用程序之间的交互便是通过事件处理来完成的。当用户与应用程序交互时，一定是通过触发某些事件来完成的，让事件来通知程序应该执行哪些操作。在这个繁琐的过程中主要涉及两个对象，事件源与事件监听器。事件源指的是事件所发生的控件，各个控件在不同情况下触发的事件不尽相同，而且产生的事件对象也可能不同。监听器则是用来处理事件的对象，实现了特定的接口，根据事件的不同重写不同的事件处理方法来处理事件。将事件源与监听器联系到一起，就需要为事件源注册监听，当事件发生时，系统才会自动通知事件监听器来处理相应的事件。

OnClickListener接口，是处理单击事件的。在触控模式下，是在某个View上按下并抬起的组合动作，而在键盘模式下，是某个View获得焦点后单击"确定"按钮或者按下轨迹球事件。该接口对应的回调方法声明如下：

Public void onClick(View v);

参数v便是事件发生的事件源

OnLongClickListener用法与OnClickListener一样，只是OnLongClickListener用于处理长按某个控件的事件。

下面通过一个简单案例来介绍OnClickListener和OnLongClickListener的使用方法。由于该程序的界面布局非常简单，只有一个编辑框和两个按钮，故不再给出界面布局文件。

程序清单：6.3UI界面事件处理\OnClickListenerTest\src\com\example\onclicklistenertest \MainActivity.java

package com.example.onclicklistenertest;

import android.app.Activity;

import android.os.Bundle;

import android.view.Menu;

```java
import android.view.View;
import android.view.View.OnClickListener;
import android.view.View.OnLongClickListener;
import android.widget.Button;
import android.widget.EditText;
public class MainActivity extends Activity {
    private EditText txt;
    private Button button1;
    private Button button2;
    protected void onCreate(Bundle savedInstanceState) {
            super.onCreate(savedInstanceState);
            setContentView(R.layout.activity_main);
            txt=(EditText)findViewById(R.id.txt);
            button1=(Button)findViewById(R.id.button1);
            button2=(Button)findViewById(R.id.button2);
            //为button1注册注册监听
            button1.setOnClickListener(new OnClickListener() {
                    public void onClick(View v) {
                            txt.setText("OnClickListener被单击");
                    }
            });
            //为button2注册注册监听
            button2.setOnLongClickListener(new OnLongClickListener() {
                    public boolean onLongClick(View v) {
                            txt.setText("OnLongClickListener被长按");
                            return false;
                    }
            });
    }
    @Override
    public boolean onCreateOptionsMenu(Menu menu) {
            // Inflate the menu; this adds items to the action bar if it is present.
            getMenuInflater().inflate(R.menu.main, menu);
            return true;
    }
}
```

运行程序，单击屏幕上的按钮，将会看到如图6-13所示的效果。

图6-13

- OnFocusChangeListener

焦点事件是对某一组件的状态的监听事件。比如我们在注册页面输入自己的用户名，当光标单击到高文本框时，我们可以理解为该文本框获得了焦点。但是，当光标离开了该文本框，则可以理解为该文本框失去了焦点。焦点事件常用来处理该组件的验证处理等功能，例如输入框内容的清空功能，文本框的验证、提示功能等。

OnFocusChangeListener接口用来处理控件焦点发生改变的事件。如果注册了该接口，当某个控件失去焦点或者获得焦点时都会触发该接口中的回调方法，该接口对应的回调方法声明如下：

public void onFocusChange(View v, Boolean hasFocus)

参数v：参数v便为触发该事件的事件源。

参数hasFocus：参数hasFocus表示v的新状态，即v是否获得焦点。

下面通过一个简单案例来介绍OnFocusChangeListener的使用方法。由于该程序的界面布局非常简单，只有两个编辑框，故不再给出界面布局文件。

程序清单：6.3UI界面事件处理\OnFocusChangeListenerTest\src\com\example\onfocuschangelistenertest

```
package com.example.onfocuschangelistenertest;
import android.app.Activity;
import android.os.Bundle;
import android.view.Menu;
import android.view.View;
import android.view.View.OnFocusChangeListener;
import android.widget.EditText;
import android.widget.TextView;
public class MainActivity extends Activity{
    private EditText edittext1;
    private TextView edittext2;
```

```
protected void onCreate(Bundle savedInstanceState) {
        super.onCreate(savedInstanceState);
        setContentView(R.layout.activity_main);
        edittext1 = (EditText)findViewById(R.id.edittext1);
        edittext2 = (EditText)findViewById(R.id.edittext2);
        //绑定焦点事件
        edittext1.setOnFocusChangeListener(new View.OnFocusChangeListener() {
            public void onFocusChange (View v, boolean hasFocus) {
                    if(hasFocus){        //如果组件获得焦点
                    edittext1.setText("组件获得了焦点");
                    }else{
                            edittext1.setText("组件失去了焦点");
                    }
                }
        });
        edittext2.setOnFocusChangeListener(new OnFocusChangeListener() {
            public void onFocusChange(View v, boolean hasFocus) {
                    if(hasFocus){        //如果组件获得焦点
                            edittext2.setText("组件获得了焦点");
                    }else{
                            edittext2.setText("组件失去了焦点");
                    }
                }
        });
    }
    @Override
    public boolean onCreateOptionsMenu(Menu menu) {
        // Inflate the menu; this adds items to the action bar if it is present.
        getMenuInflater().inflate(R.menu.main, menu);
        return true;
    }
}
```

运行程序，会出现如图6-14所示的效果，单击第二个编辑框，将会看到如图6-15所示的效果。

图6-14                              图6-15

■　OnKeyListener

OnKeyListener是对手机键盘进行监听的接口，通过对某个View注册该监听，当View获得焦点并有键盘事件时，便会触发该接口中的回调方法。该接口中的抽象方法声明如下：

public boolean onKey(View v, int keyCode, KeyEvent event)

参数v：参数v为事件的事件源控件。

参数keyCode：参数keyCode为手机键盘的键盘码。

参数event：参数event便为键盘事件封装类的对象，其中包含了事件的详细信息，例如发生的事件、事件的类型等。

下面通过一个简单案例来介绍OnKeyListener的使用方法。由于该程序的界面布局非常简单，只有两个编辑框，故不再给出界面布局文件。

程序清单：6.3UI界面事件处理\OnKeyListenerTest\src\com\example\onkeylistenertest

```
package com.example.onkeylistenertest;
import android.app.Activity;
import android.os.Bundle;
import android.view.KeyEvent;
import android.view.Menu;
import android.view.View;
import android.view.View.OnKeyListener;
import android.widget.EditText;
public class MainActivity extends Activity {
    private EditText edittext1;
    private EditText edittext2;
    protected void onCreate(Bundle savedInstanceState) {
            super.onCreate(savedInstanceState);
```

```
setContentView(R.layout.activity_main);
edittext1=(EditText)findViewById(R.id.edittext1);
edittext2=(EditText)findViewById(R.id.edittext2);
edittext1.setOnKeyListener(new OnKeyListener() {
        public boolean onKey(View v, int keyCode, KeyEvent event) {
                edittext2.setText(edittext1.getText());
                return true;
        }
});
}
@Override
public boolean onCreateOptionsMenu(Menu menu) {
        // Inflate the menu; this adds items to the action bar if it is present.
        getMenuInflater().inflate(R.menu.main, menu);
        return true;
}
}
```

运行程序，在第一个编辑框中输入内容，效果如图6-16所示，然后单击模拟器右侧键盘按键，将会看到如图6-17所示的效果。

图6-16                          图6-17

■ OnTouchListener

OnTouchListener接口是用来处理手机屏幕事件的监听接口，当在View的范围内发生触摸按下、抬起或滑动等动作时都会触发该事件。该接口中的监听方法声明格式如下：

Public Boolean onTouch(View v , MotionEvent event)

下面通过一个简单案例来介绍OnTouchListener的使用方法。由于该程序的界面布局非常简单，只有一个文本框和一个按钮，故不再给出界面布局文件。

程序清单：6.3UI界面事件处理\onTouchListenerTest\src\com\example\ontouchlistenertest \MainActivity.java

```java
package com.example.ontouchlistenertest;
import android.app.Activity;
import android.os.Bundle;
import android.view.Menu;
import android.view.MotionEvent;
import android.view.View;
import android.view.View.OnTouchListener;
import android.widget.Button;
import android.widget.TextView;
public class MainActivity extends Activity {
    private TextView txt;
    private Button button;
    protected void onCreate(Bundle savedInstanceState) {
            super.onCreate(savedInstanceState);
            setContentView(R.layout.activity_main);
            txt=(TextView)findViewById(R.id.txt);
            button=(Button)findViewById(R.id.button);
            //添加触摸监听
            button.setOnTouchListener(new OnTouchListener() {
                    public boolean onTouch(View v, MotionEvent event) {
                            if(event.getAction()==MotionEvent.ACTION_DOWN){
                                    txt.setText("按钮被按下");
                            }
                            if(event.getAction()==MotionEvent.ACTION_UP){
                                    txt.setText("按钮被抬起");
                            }
                            return false;
                    }
            });
    }
    @Override
    public boolean onCreateOptionsMenu(Menu menu) {
            // Inflate the menu; this adds items to the action bar if it is present.
            getMenuInflater().inflate(R.menu.main, menu);
            return true;
    }
}
```

运行程序，将会看到如图6-18所示的效果。

图6-18

# 6.4 知识与技能梳理

　　本章是对第5章知识的延续，图形界面编程需要与事件响应相互结合，当我们开发了一个界面友好的应用后，用户在程序界面上执行操作时，程序必须为用户操作提供响应机制，这种响应机制由事件处理来完成。学习本章的重点是掌握Android的两种事件处理机制：基于回调的事件处理和基于监听的事件处理。对于基于回调的事件处理来说，开发者需要掌握不同事件对应的回调方法；对于基于监听的事件处理来说，开发者需要掌握事件监听的处理模式、以及不同事件对应的监听器接口。

## 实训5　开发灯泡交互应用

### 一、实训目的

（1）巩固读者对Android UI常用高级控件的认识以及事件的响应处理机制。

（2）通过本章实训，让读者在Android环境下开发UI交互界面，为以后Android应用程序的开发打好基础。

（3）在实训过程中，突出实践技能，注重读者的逻辑思维能力和动手编程能力的培养。

### 二、实训内容

（1）准备6张不同亮度"灯泡"的图片素材，如图6-19所示。

图6-19

（2）新建工程，将图片资源导入该工程。

（3）编写界面布局文件：选择合适的布局方式，添加一个ImageView，一个ToggleButton，两个Button，一个SeekBar。

（4）实现功能：打开ToggleButton时，灯泡亮起，关闭ToggleButton时，灯泡熄灭。单击"开"按钮时，灯泡亮起，单击"关"按钮时，灯泡熄灭。滑动SeekBar时，灯泡亮度发生变化。

### 三、参考代码

```
package com.example.shixun5;
import com.example.temp.R;
import android.app.Activity;
import android.net.Uri;
import android.os.Bundle;
import android.view.View;
import android.view.View.OnClickListener;
```

```
import android.view.Window;
import android.widget.Button;
import android.widget.CompoundButton;
import android.widget.CompoundButton.OnCheckedChangeListener;
import android.widget.ImageView;
import android.widget.SeekBar;
import android.widget.SeekBar.OnSeekBarChangeListener;
import android.widget.ToggleButton;
public class MainActivity extends Activity{
    private ImageView imageview;
    private ToggleButton togglebutton;
    private Button button_on;
    private Button button_off;
    private SeekBar seekbar;
    protected void onCreate(Bundle savedInstanceState) {
        super.onCreate(savedInstanceState);
        //设置窗体无标题
        requestWindowFeature(Window.FEATURE_NO_TITLE);
        setContentView(R.layout.activity_main);
        imageview=(ImageView)findViewById(R.id.imageview);
        togglebutton=(ToggleButton)findViewById(R.id.togglebutton);
        button_on=(Button)findViewById(R.id.button_on);
        button_off=(Button)findViewById(R.id.button_off);
        seekbar=(SeekBar)findViewById(R.id.seekbar);
        togglebutton.setOnCheckedChangeListener(new OnCheckedChangeListener() {
            public void onCheckedChanged(CompoundButton buttonView, boolean isChecked) {
                //如果togglebutton被打开
                if(isChecked){
                    imageview.setImageResource(R.drawable.light6);
                }
                //如果togglebutton被关闭
                if(!isChecked){
                    imageview.setImageResource(R.drawable.light1);
                }
            }
        });
        //单击打开按钮
        button_on.setOnClickListener(new OnClickListener() {
            public void onClick(View v) {
```

```
                imageview.setImageResource(R.drawable.light6);
        }
});
//打开关闭按钮
button_off.setOnClickListener(new OnClickListener() {
        public void onClick(View v) {
                imageview.setImageResource(R.drawable.light1);
        }
});
//拖动seekbar调节灯泡亮度
seekbar.setOnSeekBarChangeListener(new OnSeekBarChangeListener() {
        public void onStopTrackingTouch(SeekBar seekBar) {
        }
        public void onStartTrackingTouch(SeekBar seekBar) {
        }
        public void onProgressChanged(SeekBar seekBar, int progress,
                boolean fromUser) {
                switch(progress){
                        case 1:{
                                imageview.setImageResource(R.drawable.light1);
                                break;
                        }
                        case 2:{
                                imageview.setImageResource(R.drawable.light2);
                                break;
                        }
                        case 3:{
                                imageview.setImageResource(R.drawable.light3);
                                break;
                        }
                        case 4:{
                                imageview.setImageResource(R.drawable.light4);
                                break;
                        }
                        case 5:{
                                imageview.setImageResource(R.drawable.light5);
                                break;
                        }
                        case 6:{
```

```
                                          imageview.setImageResource(R.drawable.light6);
                                  break;
                          }
                    }
              });
        }
  }
```

## 四、模拟运行结果

运行程序，效果如图6-20所示。

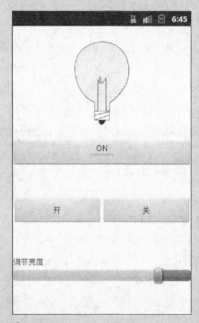

图 6-20

# 第7章 Android——Tetris UI交互项目开发

本项目工作情景的目标是让读者掌握利用Android的界面开发技术。主要的工作任务划分为:(1)创建Tetris应用程序(2)开发输出界面(3)外部资源访问(4)显示输出界面。本项目主要设计的关键技术包括Activity类的使用、布局文件的设计、静态元素、动态元素的使用、事件的处理。

本书省略了示例代码需要的包,在实际的代码运行时,可以在Eclipse中使用[Ctrl]+[Shift]+[O]组合键自动导入相应的包。

### ■ 知识技能目标

- ↘ 了解在Android系统中开发UI交互项目的流程
- ↘ 掌握Android应用程序的创建
- ↘ 掌握UI界面布局文件的编写
- ↘ 掌握外部资源文件的访问方式
- ↘ 掌握事件处理的响应机制

## 7.1 创建Tetris应用程序

### 7.1.1 任务分析

本任务是创建Tetris应用程序,本项目是采用Eclipse创建Android的应用程序。根据项目要求,首先我们要创建背景界面及对应界面的Activity,Tetris的应用程序效果如图7-1所示。

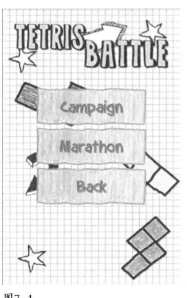
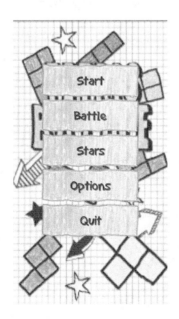

图7-1

## 7.1.2 任务实施

### 1. 创建应用程序

使用Eclipse创建Android应用程序, 其操作步骤如下:

#### ▼ 步骤1

启动Eclipse, 单击工具栏中的File, 并选择New选项, 再选择Android Application Project命令打开New Android Application (新建Android项目) 对话框, 如图7-2和图7-3所示。

图7-2

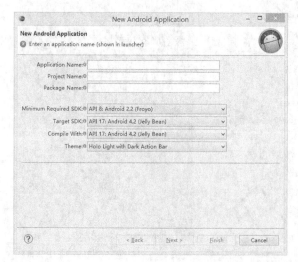

图7-3

#### ▼ 步骤2

根据对话框要求进行应用程序名称的设置。Application Name是应用程序名称, 该项目应用程序名称为Tetris; Project Name是项目的工程名, 即Eclipse中看到的名称。Package Name是包名, 是区分Android软件的唯一标记; Minimum Required SDK是应用程序支持的Android的最低版本对应的API级别, 对于本项目使用默认即可。Compile With是用于编译应用的平台版本。Theme是应用程序的Android UI的风格, 如图7-4所示。

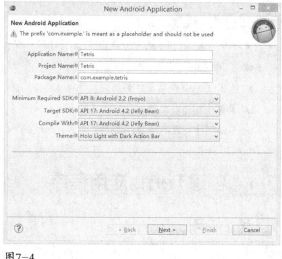

图7-4

#### ▼ 步骤3

单击Next按钮, 设置应用程序的存储位置和项目配置, 保持默认设置, 如图7-5所示。

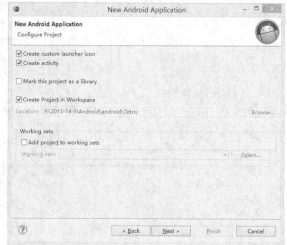

图7-5

▼ 步骤4

单击Next按钮，设置应用程序的图标，如图7-6所示。

图7-6

▼ 步骤5

单击Next按钮，创建一个空白的Activity，如图7-7所示。

图7-7

▼ 步骤6

单击Next按钮，配置Activity信息，输入Activity的名字和对应的布局文件的名字，如图7-8所示。

图7-8

▼ 步骤7

单击Finish按钮，成功建立第一个Activity文件后的项目目录结构，如图7-9所示。

图7-9

## 2. Eclipse的字符编码格式UTF-8

　　默认的字符编码格式是GBK，由于GBK字符集支持不够多，有时会出现乱码。当程序需要和网络交互的时候，网络上传来的数据一般是UTF-8编码。因此要求项目的字符编码格式也是UTF-8，这样有利于网络交互和出现乱码时进行转码。Eclipse开发环境下字符集的设定如下。

（1）单击Window选项，选择Preferences命令，如图7-10所示。

（2）单击preferences对话框下的General命令，选择Workspase命令，选择UTF-8，如图7-11所示。

图7-10

图7-11

# 7.2 开发输出界面

## 7.2.1 任务分析

本任务主要完成背景界面、主菜单界面和二级菜单界面的布局设计，其中背景界面使用一张背景图片。主菜单界面是功能操作的界面，由按钮以及背景组成。二级菜单是单击按钮后跳转的界面，由按钮和背景组成。要实现布局应考虑以下几个问题：

背景图如何引进？

按钮应如何布局？

## 7.2.2 任务实施

本任务共有三个布局文件，背景界面布局是引用一张图片资源进行的布局设计。主菜单界面布局是按钮的布局设计和图片资源的引用。二级菜单界面与主菜单布局相似。根据任务分析大致可分为以下几个步骤：

（1）设置背景界面

（2）设置主菜单界面

（3）设置二级菜单界面

### ▼ 步骤1

设置背景界面。打开背景界面的activity_splash.xml布局文件，选择RelativeLayout元素进行布局设计，将drawable中的图片资源使用android:background="@drawable/**"方法引用。示例代码如下：

```
<RelativeLayout xmlns:android="http://schemas.android.com/apk/res/android"
    xmlns:tools="http://schemas.android.com/tools"
    android:layout_width="match_parent"
    android:layout_height="match_parent"
    android:background="@drawable/tetris_splash"
```

```
        android:paddingBottom="@dimen/activity_vertical_margin"
        android:paddingLeft="@dimen/activity_horizontal_margin"
        android:paddingRight="@dimen/activity_horizontal_margin"
        android:paddingTop="@dimen/activity_vertical_margin"
        tools:context=".SplashActivity" >

</RelativeLayout>
```

▼ 步骤2

设置主菜单界面。首先打开目录下的layout文件夹，右键单击layout文件夹，选择New新建命令，再选择XML创建命令，新建一个activity_menu.xml布局文件。主菜单界面的背景图片同样是引用drawable下的图片资源。按钮的布局设计，采用线性布局即选择Linearlayout和Button元素进行布局，并且使按钮成垂直方式排列而且水平居中。示例代码如下：

```
<RelativeLayout xmlns:android="http://schemas.android.com/apk/res/android"
    xmlns:tools="http://schemas.android.com/tools"
    android:layout_width="match_parent"
    android:layout_height="match_parent"
    android:background="@drawable/tetris_splash"
    android:paddingBottom="@dimen/activity_vertical_margin"
    android:paddingLeft="@dimen/activity_horizontal_margin"
    android:paddingRight="@dimen/activity_horizontal_margin"
    android:paddingTop="@dimen/activity_vertical_margin"
    tools:context=".SplashActivity" >
    <LinearLayout
        android:layout_width="wrap_content"
        android:layout_height="wrap_content"
        android:layout_alignParentTop="true"
        android:layout_centerHorizontal="true"
        android:layout_marginTop="70dp"
        android:orientation="vertical" >
        <Button
            android:id="@+id/start"
            android:layout_width="wrap_content"
            android:layout_height="wrap_content"
            android:background="@drawable/btn_style_xml"
            android:onClick="onStart"
            android:text="Start" />
        <Button
            android:id="@+id/battle"
            android:layout_width="wrap_content"
            android:layout_height="wrap_content"
```

```
            android:background="@drawable/btn_style_xml"
            android:onClick="onBattle"
            android:text="Battle" />
        <Button
            android:id="@+id/stars"
            android:layout_width="wrap_content"
            android:layout_height="wrap_content"
            android:background="@drawable/btn_style_xml"
            android:onClick="onStars"
            android:text="Stars" />
      <Button
            android:id="@+id/options"
            android:layout_width="wrap_content"
            android:layout_height="wrap_content"
            android:background="@drawable/btn_style_xml"
            android:onClick="onOptions"
            android:text="Options" />
      <Button
            android:id="@+id/quit"
            android:layout_width="wrap_content"
            android:layout_height="wrap_content"
            android:background="@drawable/btn_style_xml"
            android:onClick="onQuit"
            android:text="Quit" />
    </LinearLayout>
    </RelativeLayout>
```

## ▼ 步骤3

设置二级菜单界面。与步骤2相似，创建一个battle_activity.xml的布局文件，布局与主菜单的布局设计相似。示例代码如下：

```
    <RelativeLayout xmlns:android="http://schemas.android.com/apk/res/android"
        xmlns:tools="http://schemas.android.com/tools"
        android:layout_width="match_parent"
        android:layout_height="match_parent"
        android:background="@drawable/tetris_splash"
        android:paddingBottom="@dimen/activity_vertical_margin"
        android:paddingLeft="@dimen/activity_horizontal_margin"
        android:paddingRight="@dimen/activity_horizontal_margin"
        android:paddingTop="@dimen/activity_vertical_margin"
        tools:context=".SplashActivity" >
```

```
<LinearLayout
    android:layout_width="wrap_content"
    android:layout_height="wrap_content"
    android:layout_alignParentTop="true"
    android:layout_centerHorizontal="true"
    android:layout_marginTop="70dp"
    android:orientation="vertical" >
    <Button
        android:layout_width="wrap_content"
        android:layout_height="wrap_content"
        android:background="@drawable/btn_style_xml"
        android:onClick="onCampaign"
        android:text="Campaign" />
    <Button
        android:layout_width="wrap_content"
        android:layout_height="wrap_content"
        android:background="@drawable/btn_style_xml"
        android:onClick="onMarathon"
        android:text="Marathon" />
    <Button
        android:layout_width="wrap_content"
        android:layout_height="wrap_content"
        android:background="@drawable/btn_style_xml"
        android:onClick="onQuit"
        android:text="Quit" />
</LinearLayout>
</RelativeLayout>
```

# 7.3  外部资源访问

Android中的资源是指非代码部分。例如，在我们的Android程序中要使用一些图片来设置桌面，要使用一些音频文件来设置铃声，要使用一些动画来显示特效。那么，这些图片、音频、动画等都是Android中的外部资源文件。

Android中的资源是在代码中使用的外部文件。本任务主要完成访问音频文件、第三方字体以及自制的XML文件。首先要了解如何创建资源文件，以及如何在代码中使用和如何在其他资源文件中引用该资源。

**1. 访问音频文件**

音频的播放我们会用到MediaPlayer类。该类提供了播放、暂停、停止和重复播放等方法。该类位于Android.media包中，接下来我们讨论如何播放音频文件。播放音频的步骤如下：

▼ **步骤1**

在项目的res/raw文件下面放置一个Android支持的媒体文件。

▼ **步骤2**

创建一个MediaPlayer实例，可以使用MediaPlayer的静态方法create来完成。

▼ **步骤3**

调用start()方法开始播放。程序示例代码如下所示。

//实例化MediaPlayer，从资源文件中创建媒体文件，第一个参数表明是哪个页面中使用这个音频文件，第二个参数是播放的音频文件名称。

MediaPlayer mp = MediaPlayer.create(this, R.raw.audio_click);

//开始播放

mp.start();

this.finish();

## 2. 访问第三方字体

除了文字颜色和大小设置外，android也为文字提供了字体设置。这里特别解说是通过外部资源assets，引用外部的字体文件(True Type Font)，再通过Typeface类createFromAsset方法来进行设置。此处特别需要留意的是，字体文件必须符合True Type Font格式。否则，即便程序编译时不出错，在运行时也会发生无法更改字体的情况。操作步骤如下。

（1）将新字体的TTF文件copy到assets目录下面，例如我们将"*.ttf"复制过去。

（2）我们需要将按钮设置为该字体，比较遗憾的是，不能直接在XML文件中进行，需要编写源代码。示例代码如下：

//前提布局文件中已经定义过这个ID  android:id="@+id/start"

Button start = (Button) findViewById(R.id.*start*);

//从assert中获取资源，获得app的assert，采用getAserts()，通过给出在assert/下面的相对路径。设置项目按钮使用第三方字体。

Typeface tp = Typeface.*createFromAsset*(**this**.getAssets(),

                "KBAStitchInTime.ttf" );

start.setTypeface(tp);

## 3. 自制XML文件

常见的引用xml文件的方法有许多种，以本项目为例，采用以下几种。

（1）使用尺寸(dimen)资源

Android中支持的尺寸单位：

Px：像素 屏幕上的真实像素表示；

In：英尺 基于屏幕的物理尺寸；

Mm：毫米 基于屏幕的物理尺寸；

Pt：点表示磅，是一个标准的长度单位 英尺的1/72；

Dp：和密度无关的像素相对于屏幕物理密度的抽象单位；

Sp：和精度无关的像素和dp类似。

引用尺寸资源xml文件的步骤如下：

本任务使用在其他资源文件中引用尺寸资源文件，格式Android:对象="@【包名称】资源类型 /资源名称"。

## ▼ 步骤1

在项目的res/values/目录下建一个dimens.xml尺寸资源文件。示例代码如下

```
<?xml version="1.0" encoding="utf-8"?>
<resources>根元素
    <!-- Default screen margins, per the Android Design guidelines. -->
    <dimen name="activity_horizontal_margin">16dp</dimen>
    <dimen name="activity_vertical_margin">16dp</dimen>

</resources>
```

## ▼ 步骤2

在布局文件中使用尺寸资源来设置宽和高。示例代码如下：

```
xmlns:tools="http://schemas.android.com/tools"
android:layout_width="match_parent"
android:layout_height="match_parent"
android:background="@drawable/tetris_splash"
android:paddingBottom="@dimen/activity_vertical_margin"
android:paddingLeft="@dimen/activity_horizontal_margin"
android:paddingRight="@dimen/activity_horizontal_margin"
android:paddingTop="@dimen/activity_vertical_margin"
tools:context=".SplashActivity" >
```

（2）使用drawables资源

我们经常在Android的布局文件中定义Drawable属性。例如：可以在Android的布局文件中定义图片按钮的图片及应用程序的图标等。本例的按钮背景就是采用xml文件定义drawable属性，通过引用drawable 中的xml资源给按钮设置图片。其中，设置要求为按钮初始状态和单击时图片为menutile_pressed，在释放按钮时图片为menutile。在drawable文件夹下创建一个xml文件并进行设置，示例代码如下：

```
<?xml version="1.0" encoding="utf-8"?>
<selector xmlns:android="http://schemas.android.com/apk/res/android" >
<item android:drawable="@drawable/menutile_pressed" android:state_focused="true"></item>
<item android:drawable="@drawable/menutile_pressed" android:state_pressed="true"></item>
<item android:drawable="@drawable/menutile" android:state_focused="false"></item>
</selector>
```

# 7.4 显示输出界面

## 7.4.1 任务分析

完成了界面的布局和Android的资源访问后，接下来的任务是实现响应用户的交互操作，其中背景界面程序文件为splashActivity.java，MainMenuActivity.java是主菜单程序文件，单击菜单按钮，可以实现与二级界面之间的跳转。BattleMenuActivity.java是二级菜单程序文件，单击菜单按钮，同时实现按钮上的声音播放。要完成本次任务，需要思考如下几个问题：

（1）如何将程序的窗口设置为全屏？

（2）如何实现界面之间的跳转？

（3）单击按钮，如何播放声音文件？

## 7.4.2 任务实施

### 1. 背景界面Activity文件——SplashActivity

（1）全屏显示

在实际的应用程序开发中，我们有时需要把 Activity 设置成全屏显示，一般情况下，可以通过两种方式来设置全屏显示效果。其一，通过在代码中可以设置；其二，通过manifest配置文件来设置全屏。本项目采用方法一进行全屏设置，代码如下：

```
protected void onCreate(Bundle savedInstanceState) {
            super.onCreate(savedInstanceState);
            // 请求不显示TitleBar,设置无标题，隐藏标题
            requestWindowFeature(Window.FEATURE_NO_TITLE);
            // 请求设置全屏
            getWindow().setFlags(WindowManager.LayoutParams.FLAG_FULLSCREEN,
                    WindowManager.LayoutParams.FLAG_FULLSCREEN);
            // 给我这个页面设置布局显示内容，指定的是刚才我们修改的那个布局文件
            setContentView(R.layout.activity_main_menu);
```

Activity类的requestWindowFeature(int featureId)是控制Android应用程序窗体显示的重要方法，其功能是启用窗体的拓展性,参数featureId是在Window类中定义的常量，本例中的取值为 FEATURE_NO_TITLE，不使用标题栏。requestWindowFeature方法的执行必须放在setContentView()设置布局前面，否则会报错。

Window类概括了Android窗口的基本属性和基本功能。窗口的类型分为应用程序窗口、子窗口和系统窗口3种。Activity的getWindow()方法返回Activity的当前窗口对象Window。本例中对象使用如下的方法，该方法在setContentView()设置布局后调用。

getWindow().setFlags(int flags ,int mask)：设置窗体标记。参数flags表示窗体的标记，取值来自WindowManager.LayoutParams类中定义的常量；参数WindowManager.LayoutParams的作用是向WindowManager描述Window的管理策略，例如窗口类型设置等；参数mask表示需要更改的窗口标记位。

（2）添加线程休眠跳转

使用Thread类实现多线程：定义一个线程类继承Thread类，然后重写public void run()方法。其中run()方法称为线程体，包含了线程执行的代码。当run()方法执行完后，线程结束。要运行线程，先用线程类定义一个对

象，再调用对象的start()方法即可。当线程在休眠过程中被中断，则会产生InterruptedException异常，因此代码中需要捕获InterruptedException异常，保证安全终止线程。

本例的实例代码如下：

```java
// 使用线程进行休眠500毫秒后进行页面跳转
Thread thread = new Thread() {
    @Override
    public void run() {
        try {
            // 线程休眠500毫秒
            sleep(500);
            // 页面跳转
            Intent intent = new Intent(SplashActivity.this,
                            MainMenuActivity.class);
            startActivity(intent);
        } catch (InterruptedException e) {
            e.printStackTrace();
        }
        super.run();
    }
};
// 只有调用start()的时候才真正启动起来
thread.start();
```

（3）页面完整程序代码

```java
public class SplashActivity extends Activity {
    @Override
    protected void onCreate(Bundle savedInstanceState) {
        super.onCreate(savedInstanceState);
        // 请求不显示TitleBar
requestWindowFeature(Window.FEATURE_NO_TITLE);
// 请求设置全屏
getWindow().setFlags(WindowManager.LayoutParams.FLAG_FULLSCREE15.N,WindowManager.LayoutParams.
FLAG_FULLSCREEN);
// 给我这个页面设置布局显示内容，指定的是刚才我们修改的那个布局文件
        setContentView(R.layout.activity_splash);
        Thread thread = new Thread() {
            @Override
            public void run() {
                try {
                    // 线程休眠500毫秒
                    sleep(1500);
```

```
// 页面跳转（说明怎么跳转）
Intent intent = new Intent(SplashActivity.this,
                    MainMenuActivity.class);
// 这才是真正的跳转
        startActivity(intent);
        // 一般在子线程中采用这个方法，用类.this.finish();
SplashActivity.this.finish();
} catch (InterruptedException e) {
e.printStackTrace();
        }

        super.run();

        }
    };
// 只有调用start()的时候才真正启动起来
        thread.start();

    }


}
```

## 2. 主菜单界面的Activity文件——MainMenuActivity

（1）页面跳转

一个Android应用程序通常不会只有一个Activity，常见的设计样式是每个独立的画面都是一个Activity。在这种情况下，每个Activity之间信息的传递就变得很重要。

### ▼ 步骤1

将Activity加入AndroidManifest.xml。

打开AndroidManifest.xml，文件中记载和这个应用程序相关的重要信息，把所要运行的Activity添加到里面，并给予名称name，否则程序将无法编译运行。本项目的示例代码如下：

```xml
<application
    android:allowBackup="true"
    android:icon="@drawable/ic_launcher"
    android:label="@string/app_name"
    android:theme="@style/AppTheme" >
    <activity
        android:name="com.example.tetris.SplashActivity"
        android:label="@string/app_name" >
        <intent-filter>
            <action android:name="android.intent.action.MAIN" />
            <category android:name="android.intent.category.LAUNCHER" />
        </intent-filter>
    </activity>
```

```
<activity android:name="com.example.tetris.MainMenuActivity" >
</activity>
    </application>
```

▼ 步骤2

在页面中布局Button控件，并实现交互响应。在Android的布局文件中加入按钮，声明如下：

```
<Button
        android:layout_width="wrap_content"
        android:layout_height="wrap_content"
        android:background="@drawable/btn_style_xml"
        android:onClick="onQuit"
        android:text="Quit" />
```

注意!Button下的android:onClick可以用来指定当按下时会执行的函数名称，因此在Activity下编写对应的函数。函数代码如下：

```
Intent intent = new Intent(MainMenuActivity.this,
BattleMenuActivity.class);
// 这里才是真正的跳转
startActivity(intent);
```

此处先声明一个Intent，并将它的类设定成BattleMenuActivity，当用户按下这个按钮时，就会从主界面切换至二级菜单界面，且Android现在正在活动(active)的状态也会变成BattleMenuActivity（即二级菜单页面）。

（2）Log调试

使用android.util的log类可以实现Android输出log操作，本项目使用DEBUG类型调试信息。Android log提供了添加这一调试信息的方法Log.d (String tag,String msg)，其中，Tag为调试信息标签名称，msg为添加的调试信息，添加调试标记的方法如图7-12所示。

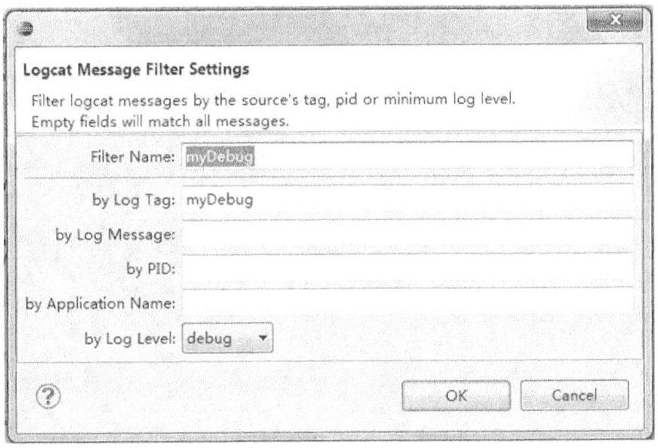

图7-12

Android Log添加的调试信息在logcat中显示，在安装好的Android开发环境eclipse中的DDMS模式和Debug模式下都有Logcat标签窗口，里面会显示所有的调试信息Debug。Android log除了使用Log.d(String tag,String msg)方法显示调试信息外，android.util.Log还提供如下4个方法：Log.v()、Log.i()、Log.w()以及 Log.e()。

根据首字母分别对应VERBOSE、 INFO、 WARN和ERROR。其中，Log.v 的调试颜色为黑色，任何消息都会输出，这里的v代表verbose，啰嗦的意思，平时使用就是Log.v("","")；Log.d的输出颜色是蓝色，仅输出debug

调试的意思，同时会输出上层的信息，过滤起来可以通过DDMS的Logcat标签来选择；Log.i的输出为绿色，一般提示性的消息information，它不会输出Log.v和Log.d的信息，但会显示i、w和e的信息；Log.w的输出颜色为橙色，可以看作为warning警告，一般需要我们注意优化Android代码，同时选择它后还会输出Log.e的信息；Log.e的输出颜色为红色，可以想到error错误，这里仅显示红色的错误信息。

（3）声音播放

利用类Util.java可以实现声音的播放效果，在src目录下创建包com.example.tetris.utils并创建一个Util.java类。其示例代码如下：

```
public class Util {
    private static MediaPlayer mp = null;

    public static void clikeAudioNormal(Context context) {
        // 首先需要一个MediaPlayer，所以这边声明了
        // 获得，需要判断，如果没有才去相应地获得
        if (mp == null) {
            mp = MediaPlayer.create(context, R.raw.audio_click);
        }
        mp.start();
    }
}
```

单击按钮时,调用此类:

```
public void onStart(View v) {
    Util.clikeAudioNormal(this);
    Log.d("MyTAG", "onStart");
}
```

（4）页面完整程序代码

```
public class MainMenuActivity extends Activity {
    /**
     * 创建Activity的时候调用的方法
     */
    @Override
    protected void onCreate(Bundle savedInstanceState) {
    super.onCreate (savedInstanceState);
    // 实现全屏显示，要放在这里
    // 请求不显示TitleBar
    requestWindowFeature(Window.FEATURE_NO_TITLE);
    // 请求设置全屏
    getWindow().setFlags(WindowManager.LayoutParams.FLAG_FULLSCREEN,
    WindowManager.LayoutParams.FLAG_FULLSCREEN);
    // 给我这个页面设置布局显示内容，指定的是刚才我们修改的那个布局文件
```

```
setContentView(R.layout.activity_main_menu);
Button start = (Button) findViewById(R.id.start);
Button battle = (Button) findViewById(R.id.battle);
Button stars = (Button) findViewById(R.id.stars);
Button options = (Button) findViewById(R.id.options);
Button quit = (Button) findViewById(R.id.quit);
// 设置我们按钮使用第三方字体
Typeface tp = Typeface.createFromAsset(this.getAssets(),
"SFSlapstickComicShaded.ttf");
// 设置字体
start.setTypeface(tp);
// 设置字体的大小
start.setTextSize(26);
// 设置字体
battle.setTypeface(tp);
// 设置字体的大小
battle.setTextSize(26);
// 设置字体
stars.setTypeface(tp);
// 设置字体的大小
stars.setTextSize(26);
// 设置字体
options.setTypeface(tp);
// 设置字体的大小
options.setTextSize(26);
// 设置字体
quit.setTypeface(tp);
// 设置字体的大小
quit.setTextSize(26);
}
public void onStart(View v) {

        Util.clikeAudioNormal(this);
        Log.d("MyTAG", "onStart");
}
public void onBattle(View v) {
// 从资源文件中创建媒体文件，第一个参数是哪个页面中使用这音频文件，第二个参数是该音频文件
MediaPlayer mp = MediaPlayer.create (this, R.raw.audio_click);
mp.start();
// 页面跳转说明怎么跳转
```

```
            Intent intent = new Intent(MainMenuActivity.this,BattleMenuActivity.class);
        // 这里才是真正的跳转
                startActivity(intent);
                Util.clikeAudioNormal(this);
                Log.d("MyTAG", "onBattle");
        }
        public void onStars(View v) {
                Log.d("MyTAG", "onStars");
                Util.clikeAudioNormal(this);
        }
        public void onOptions(View v) {
                Log.d("MyTAG", "onOptions");
                Util.clikeAudioNormal(this);
        }


    public void onQuit(View v) {
                Log.d("MyTAG", "onQuit");
                MediaPlayer mp = MediaPlayer.create(this, R.raw.audio_quit);
                mp.start();
                this.finish();

        }
```

### 3. 二级菜单界面的Activity文件——BattleMenuActivity

二级菜单界面与主菜单类似，其完整代码如下：

```
public class BattleMenuActivity extends Activity {
    /**
     * 创建Activity的时候调用的方法
     */
    @Override
    protected void onCreate(Bundle savedInstanceState) {
            super.onCreate(savedInstanceState);
            // 实现全屏显示，要放在这里
            // 请求不显示TitleBar
    requestWindowFeature(Window.FEATURE_NO_TITLE);
    // 请求设置全屏
            getWindow().setFlags(WindowManager.LayoutParams.FLAG_FULLSCREEN,
                    WindowManager.LayoutParams.FLAG_FULLSCREEN);
            // 给我这个页面设置布局显示内容，指定的是刚才我们修改的那个布局文件
            setContentView(R.layout.activity_battle_menu);
    }
```

```java
public void onCampaign(View v) {
        Util.clikeAudioNormal(this);
        Log.d("TAG", "onCampaign");
}
public void onMarathon(View v) {
        Util.clikeAudioNormal(this);
        Log.d("TAG", "onMarathon");
}
public void onQuit(View v) {
        Util.clikeAudioNormal(this);
        Log.d("TAG", "onQuit");
        // 当前页面的退出
        this.finish();
    }
}
```

## 7.5　知识与技能梳理

　　本章讲述了Tetris UI交互项目的开发流程。主要包括Activity类的使用、布局文件的设计、静态元素、动态元素的引用、事件的处理等方法。通过本项目的学习，读者可以学会在Android环境下开发综合性项目的全过程，为以后开发手机UI应用程序打下坚实的基础。

# 实训6　开发手机计算器

## 一、实训目的

（1）巩固读者对Android UI常用控件和交互处理机制的认识，熟练掌握 UI界面编程的基本思路。

（2）通过本实训，让读者进一步了解在Android系统中开发综合项目的流程，为以后从事Android移动应用开发储备知识。

（3）在实训过程中，突出实践技能，强调创新意识，鼓励使用较简单的技巧开发一个别具一格的手机UI应用软件。

## 二、实训内容

（1）新建工程，并用实训4的布局文件作为本程序的布局。

（2）选择合适的算法，为每个按钮添加监听事件。

（3）功能实现：实现基本的加减乘除运算。

## 三、参考代码

参数代码如下所示：

```
package com.example.shixun6;
import com.example.jisuanqi.R;
import android.app.Activity;
import android.os.Bundle;
import android.view.Menu;
import android.view.View;
import android.view.View.OnClickListener;
import android.view.Window;
import android.widget.Button;
import android.widget.EditText;
public class MainActivity extends Activity{
    private EditText editText;
    private Button button1;
    private Button button2;
    private Button button3;
    private Button button4;
    private Button button5;
    private Button button6;
    private Button button7;
    private Button button8;
    private Button button9;
```

```java
private Button button0;
private Button buttonadd;
private Button buttonsub;
private Button buttonmul;
private Button buttondiv;
private Button buttondel;
private Button buttonresult;
static String temp="";
static char fuhao;              //运算符号
static float first;            //第一个数
static float second;          //第二个数
static float result;          //结果
protected void onCreate(Bundle savedInstanceState) {
        super.onCreate(savedInstanceState);
        requestWindowFeature(Window.FEATURE_NO_TITLE);//取消标题栏
        setContentView(R.layout.activity_main);
        editText= (EditText) findViewById(R.id.editText1);
        button1 = (Button) findViewById(R.id.bt1);
        button2 = (Button) findViewById(R.id.bt2);
        button3 = (Button) findViewById(R.id.bt3);
        button4 = (Button) findViewById(R.id.bt4);
        button5 = (Button) findViewById(R.id.bt5);
        button6 = (Button) findViewById(R.id.bt6);
        button7 = (Button) findViewById(R.id.bt7);
        button8 = (Button) findViewById(R.id.bt8);
        button9 = (Button) findViewById(R.id.bt9);
        button0 = (Button) findViewById(R.id.btling);
        buttonadd = (Button) findViewById(R.id.btadd);
        buttonsub = (Button) findViewById(R.id.btsub);
        buttonmul = (Button) findViewById(R.id.btmul);
        buttondiv = (Button) findViewById(R.id.btdiv);
        buttondel=(Button)findViewById(R.id.btdel);
        buttonresult = (Button) findViewById(R.id.btresult);
        button1.setOnClickListener(new OnClickListener() {
            public void onClick(View v) {
                    temp+="1";
                    editText.setText(temp);
            }
        });
```

```
        button2.setOnClickListener(new OnClickListener() {
            public void onClick(View v) {
                    temp+="2";
                    editText.setText(temp);
            }
        });
        button3.setOnClickListener(new OnClickListener() {
            public void onClick(View v) {
                    temp+="3";
                    editText.setText(temp);
            }
        });
        button4.setOnClickListener(new OnClickListener() {
            public void onClick(View v) {
                    temp+="4";
                    editText.setText(temp);
            }
        });

        button5.setOnClickListener(new OnClickListener() {
            public void onClick(View v) {
                    temp+="5";
                    editText.setText(temp);
            }
        });
        button6.setOnClickListener(new OnClickListener() {
            public void onClick(View v) {
                    temp+="6";
                    editText.setText(temp);
            }
        });
        button7.setOnClickListener(new OnClickListener() {
            public void onClick(View v) {
                    temp+="7";
                    editText.setText(temp);
            }
        });
        button8.setOnClickListener(new OnClickListener() {
            public void onClick(View v) {
```

```
                temp+="8";
                editText.setText(temp);
        }
});
button9.setOnClickListener(new OnClickListener() {
    public void onClick(View v) {
            temp+="9";
            editText.setText(temp);
        }
});
button0.setOnClickListener(new OnClickListener() {
    public void onClick(View v) {
            temp+="0";
            editText.setText(temp);
        }
});
//单击"+", 把temp的值赋给first, 将temp置为空, 准备接受第二个数的输入
buttonadd.setOnClickListener(new OnClickListener() {
    public void onClick(View v) {
            fuhao='+';
                    first=Float.valueOf(temp);
                    temp="";
                    editText.setText("+");
        }
});
buttonsub.setOnClickListener(new OnClickListener() {
    public void onClick(View v) {
            fuhao='-';
            first=Float.valueOf(temp);
            temp="";
            editText.setText("-");
        }
});
buttonmul.setOnClickListener(new OnClickListener() {
    public void onClick(View v) {
            fuhao='*';
            first=Float.valueOf(temp);
            temp="";
            editText.setText("*");
```

```
    }
});
buttondiv.setOnClickListener(new OnClickListener() {
    public void onClick(View v) {
            fuhao='/';
                        first=Float.valueOf(temp);
                        temp="";
                        editText.setText("/");
    }
});
            //将结果显示框清空
buttondel.setOnClickListener(new OnClickListener(){
            public void onClick(View v){
                        temp="";
                        editText.setText("");
            }
});
    //单击"=",将temp的值赋给second,根据'fuhao'判断对两个数进行什么样的运算,将结果显示到编辑
    框
buttonresult.setOnClickListener(new OnClickListener() {
    public void onClick(View v) {
            switch(fuhao){
                                case '+':{
                                            second=Float.valueOf(temp);
                                            result=first+second;
                                            temp=String.valueOf((int)(first+second));
                                            editText.setText(temp);
                                            break;
                                }
                                case '-':{
                                            second=Float.valueOf(temp);
                                            result=first-second;
                                            temp=String.valueOf((int)(first-second));
                                            editText.setText(temp);
                                            break;
                                }
                                case '*':{
                                            second=Float.valueOf(temp);
                                            result=first*second;
                                            temp=String.valueOf((int)(first*second));
```

```
                                        editText.setText(temp);
                                        break;
                                }
                                case '/':{
                                        second=Float.valueOf(temp);
                                        result=first/second;
                                        temp=String.valueOf((first/second));
                                        editText.setText(temp);
                                        break;
                                }
                        }
                }
        });
}
public boolean onCreateOptionsMenu(Menu menu) {
        // Inflate the menu; this adds items to the action bar if it is present.
        getMenuInflater().inflate(R.menu.main, menu);
        return true;
}
}
```

## 四、模拟运行结果

运行结果如图7-13所示。

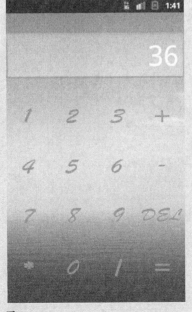

图 7—13